高等职业教育土建类"十四五"规划教材

建筑制图习题集

主编 ◎ 朱廷祥　张雪梅　朱豫

华中科技大学出版社
http://www.hustp.com
中国·武汉

内 容 简 介

本书是与《建筑制图》(朱廷祥,张雪梅,朱豫主编)配套的实训图册。编写内容符合最新规范,图量适中,内容系统全面,具有较强的实用性。

本书既可作为高等职业教育建筑工程类的制图实训专用教材,也可作为建筑工程技术人员和高等院校土建专业师生的参考用书。

图书在版编目(CIP)数据

建筑制图习题集/朱廷祥,张雪梅,朱豫主编.—武汉:华中科技大学出版社,2021.6(2023.8 重印)
ISBN 978-7-5680-7405-6

Ⅰ.① 建… Ⅱ.① 朱… ② 张… ③ 朱… Ⅲ.① 建筑制图-习题集 Ⅳ.① TU204-44

中国版本图书馆 CIP 数据核字(2021)第 165997 号

建筑制图习题集　　　　　　　　　　　　　　　　　　　　　朱廷祥　张雪梅　朱　豫　主编
Jianzhu Zhitu Xitiji

策划编辑:康　序
责任编辑:康　序
封面设计:孢　子
责任监印:朱　玢

出版发行:华中科技大学出版社(中国·武汉)　　电话:(027)81321913
　　　　　武汉市东湖新技术开发区华工科技园　　邮编:430223

录　　排:武汉三月禾文化传播有限公司
印　　刷:武汉市洪林印务有限公司
开　　本:787mm×1092mm　1/8
印　　张:11.5
字　　数:203 千字
版　　次:2023 年 8 月第 1 版第 2 次印刷
定　　价:28.00 元

本书若有印装质量问题,请向出版社营销中心调换
全国免费服务热线:400-6679-118　　竭诚为您服务
版权所有　侵权必究

目　　录

项目1　制图基本知识……………………………………………………………………………………制（1）

项目2　投影的基本知识…………………………………………………………………………………投（4）

项目3　点、线、面的投影…………………………………………………………………………………点（7）

项目4　立体的投影………………………………………………………………………………………立（12）

项目5　轴测投影…………………………………………………………………………………………轴（24）

项目6　剖面图与断面图…………………………………………………………………………………剖（27）

项目7　建筑施工图………………………………………………………………………………………建（30）

项目8　结构施工图………………………………………………………………………………………结（38）

项目9　装饰施工图………………………………………………………………………………………装（44）

项目1 制图基本知识

1-1 尺寸标注练习（一）

尺寸的大小在图中量取。(单位为mm，精度取整数)

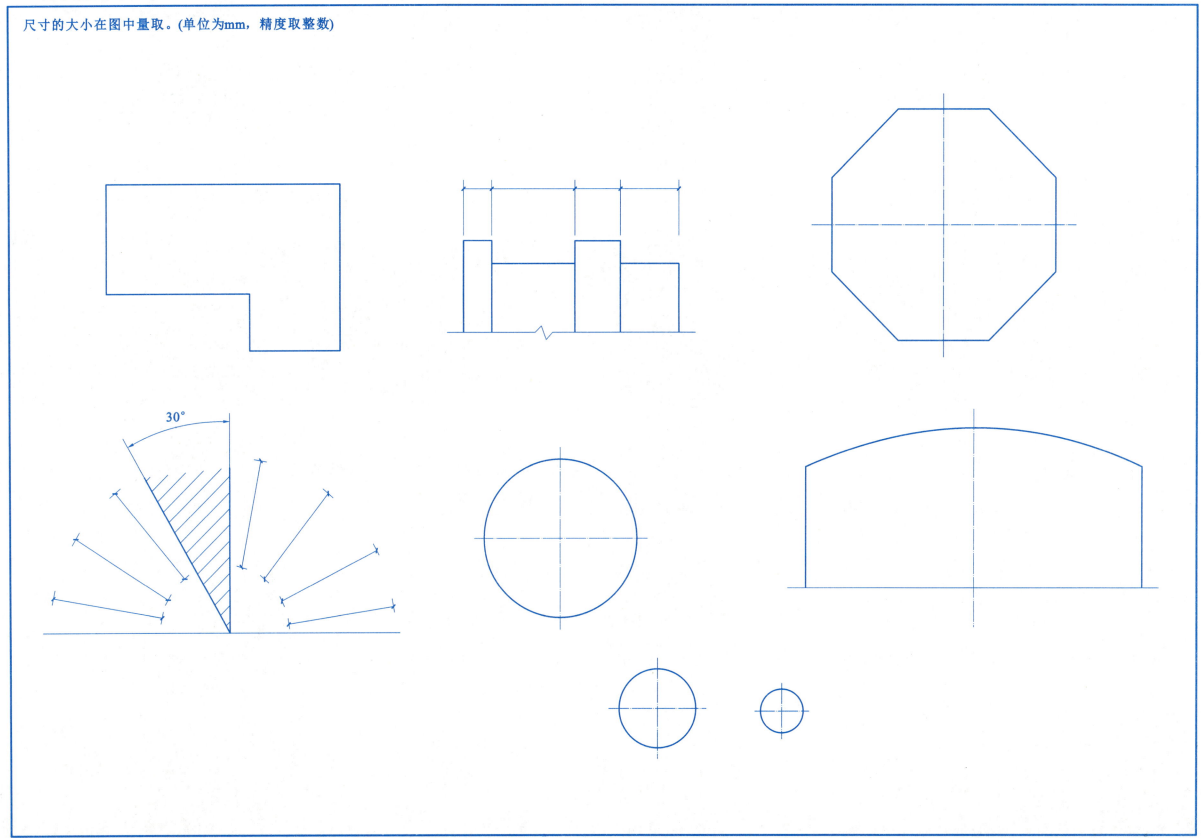

1-2 尺寸标注练习（二）

(1)

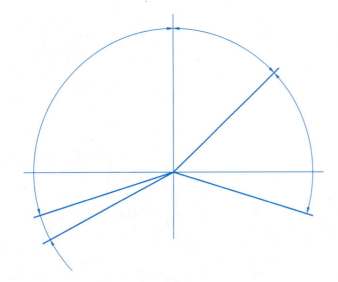

作业要求：直接在图中量取角度，按照制图标准规定进行标注。

(2)

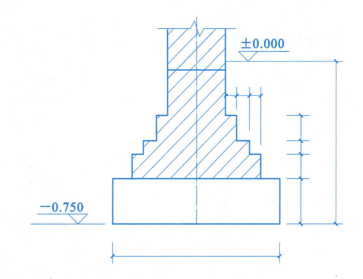

作业要求：按照制图标准规定，补全图中尺寸（按1∶20的比例量取）。

(3)

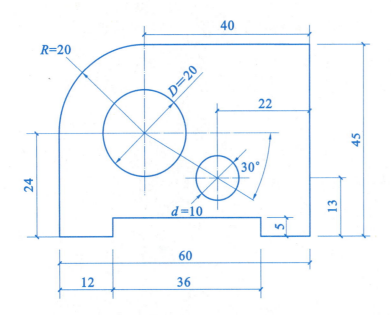

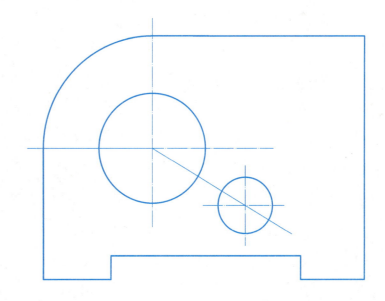

作业要求：检查并找出图中尺寸标注的错误之处，在右图中正确标注尺寸。

1-3 几何作图练习

(1)

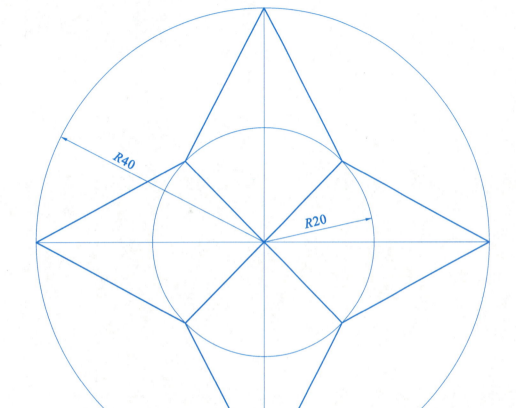

四星

(2)

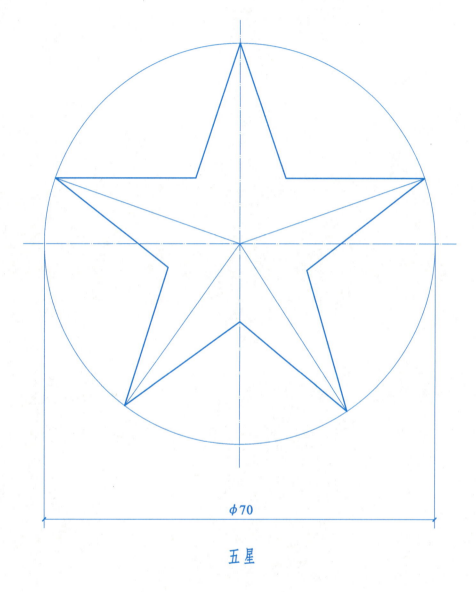

五星

作业要求：在A3图纸上抄绘图样，自定比例，注意线型分明，布图匀称，尺寸标注齐全，图面整洁，圆弧与直线光滑。

项目2 投影的基本知识

2-1 三面正投影（一）

根据立体图找出对应的三面投影图，并将序号填入对应的括号里。

班级　　　姓名　　　学号

2-3 三面正投影（三）

根据轴测图绘制三面投影图（尺寸从图中量取）。

(1)

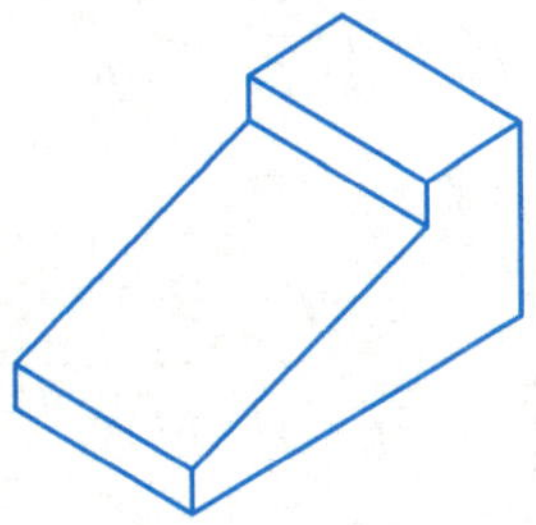

(2)

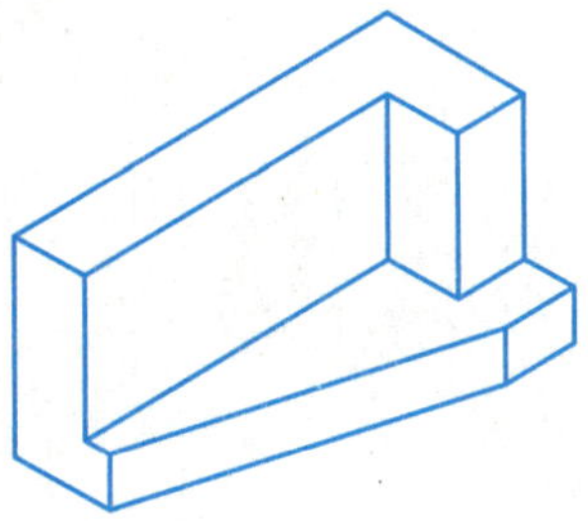

(3)

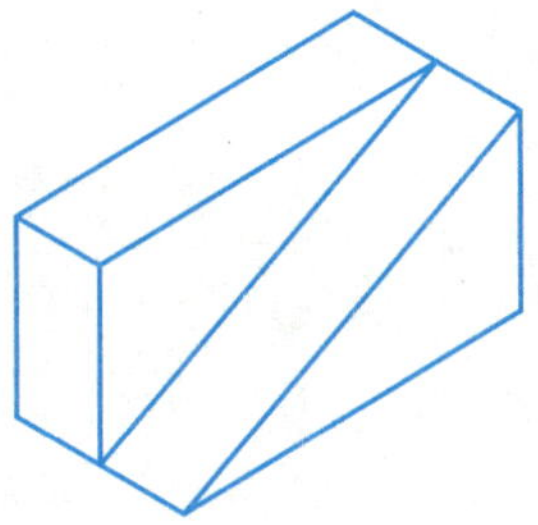

(4)

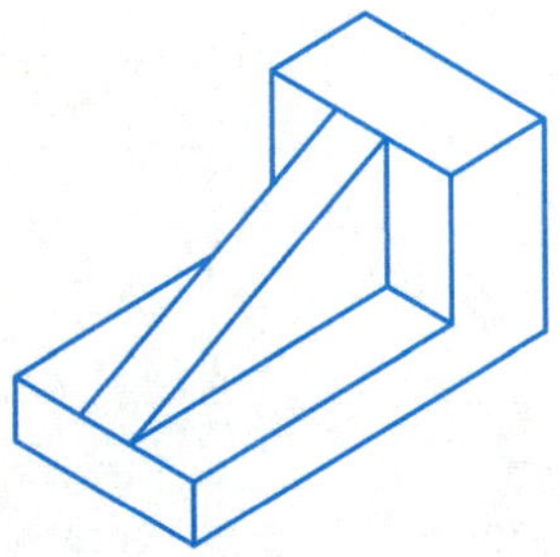

(5)

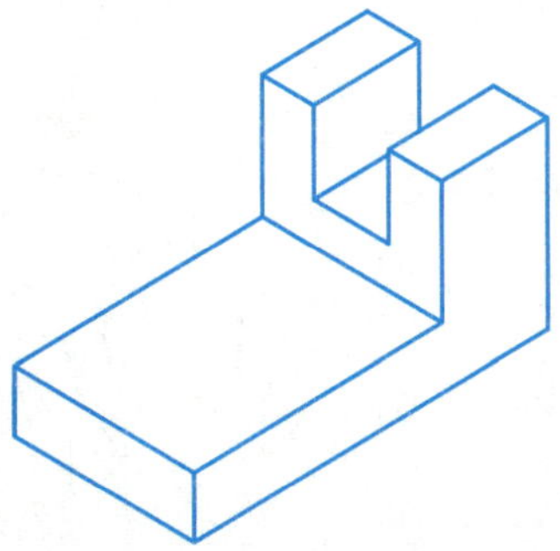

(6)

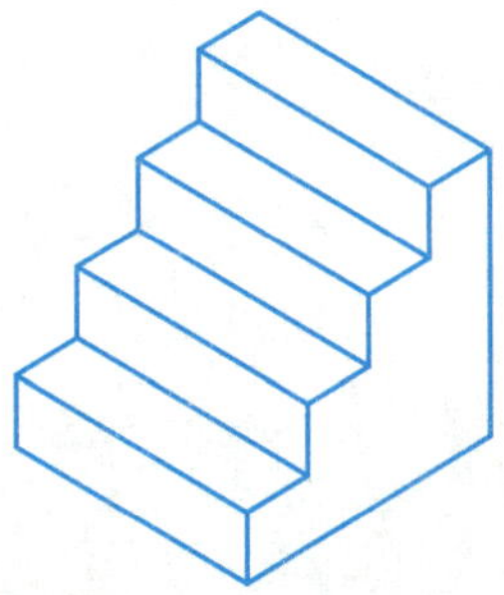

班级　　姓名　　学号

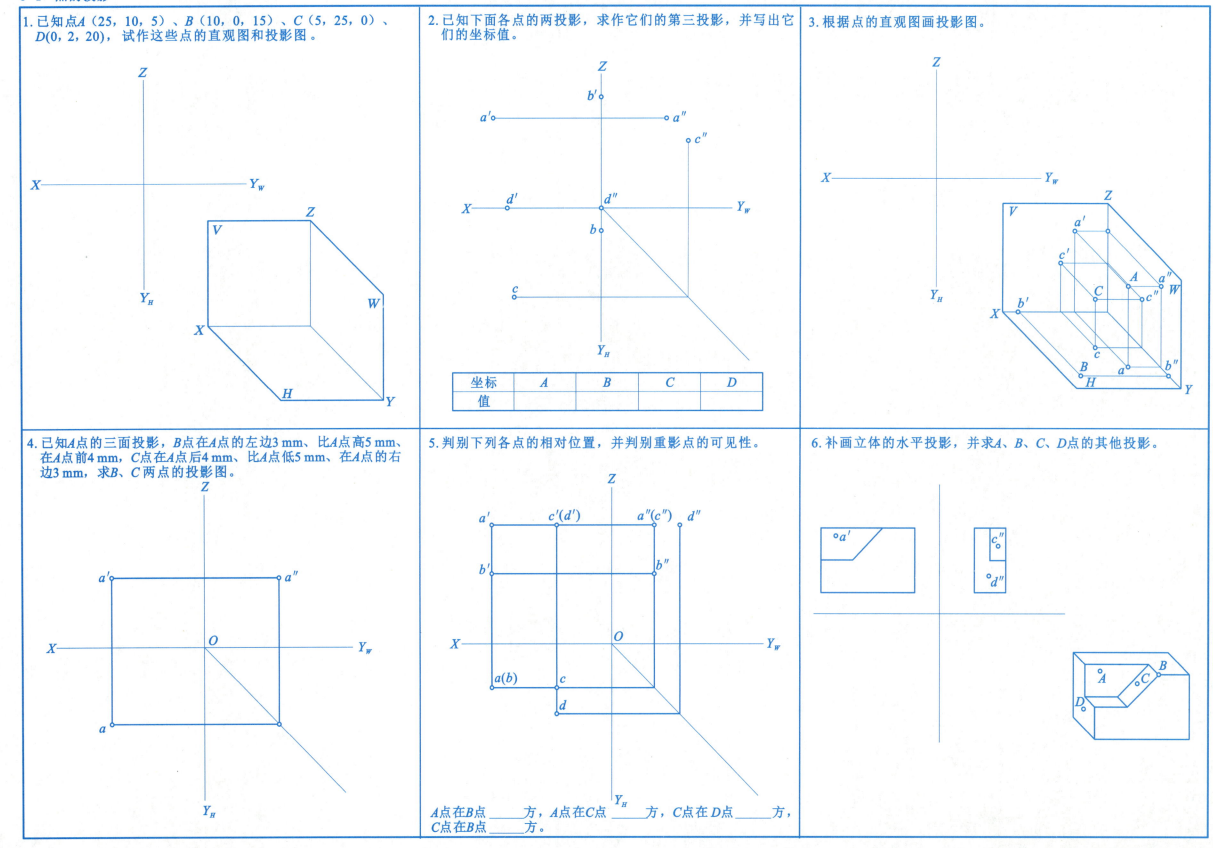

3-2 直线的投影（一）

1. 已知线段AB两端点的坐标A（25，15，20）、B（5，10，10），试画出线段AB的投影图和直观图。

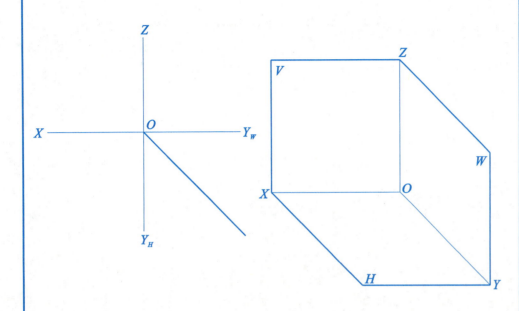

2. 求下列直线的第三面投影。

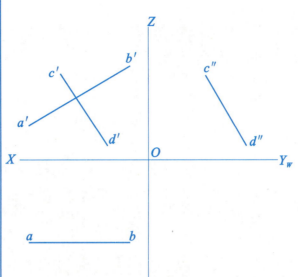

3. 判别下列各直线相对于投影面的相对位置。

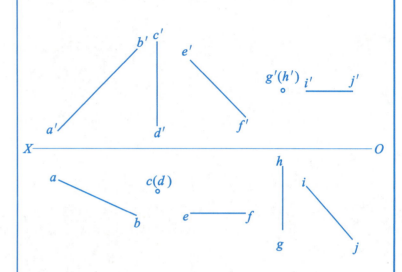

AB _____ 直线； CD _____ 直线； EF _____ 直线；
GH _____ 直线； IJ _____ 直线。

4. 过点A作水平线，其长度为30 mm，$\beta=30°$，有几个解？

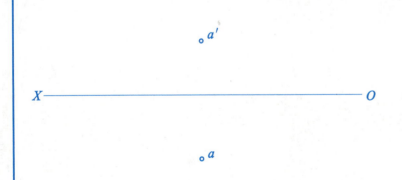

5. 过C点作一条水平线，与AB相交于D点，求CD直线的投影。

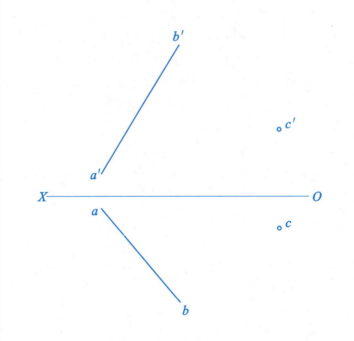

6. 过C点作一条正平线CD交AB于D点，求CD直线的投影。

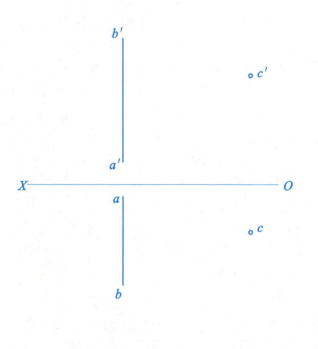

3-3 直线的投影（二）

1. 已知：线段AB上的K点分割线段，AK：KB＝3：2。试求K点的投影。

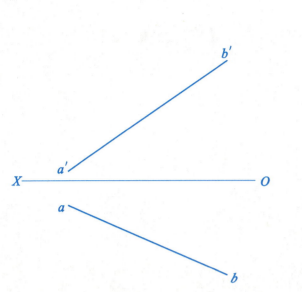

2. 判断下列各直线的相对位置。

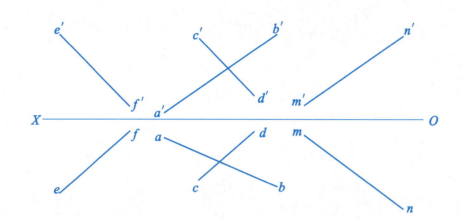

AB与CD _____ ；AB与EF _____ ；AB与MN _____ ；
MN与CD _____ ；EF与CD _____ ；EF与MN _____ 。

3. 过C点作直线AB的平行线，且与AB同方向，其长度为20 mm，求作直线CD的两面投影。

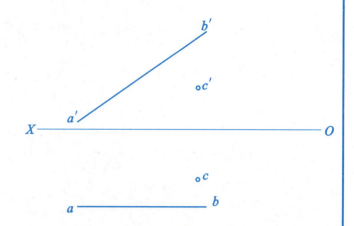

4. 作位于V面之前10 mm的正平线MN，分别与已知直线AB、CD相交于M、N点。

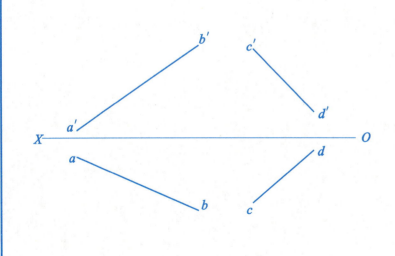

5. 作一直线与AB、CD相交，与EF直线平行。

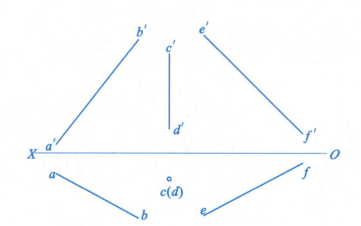

6. 说明三棱锥上直线AB、AC、SA、SB是何种位置直线，并画出三棱锥的侧面投影。

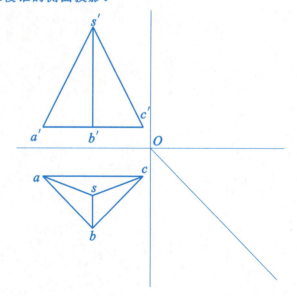

AB是 _____ 线；AC是 _____ 线；
SA是 _____ 线；SB是 _____ 线。

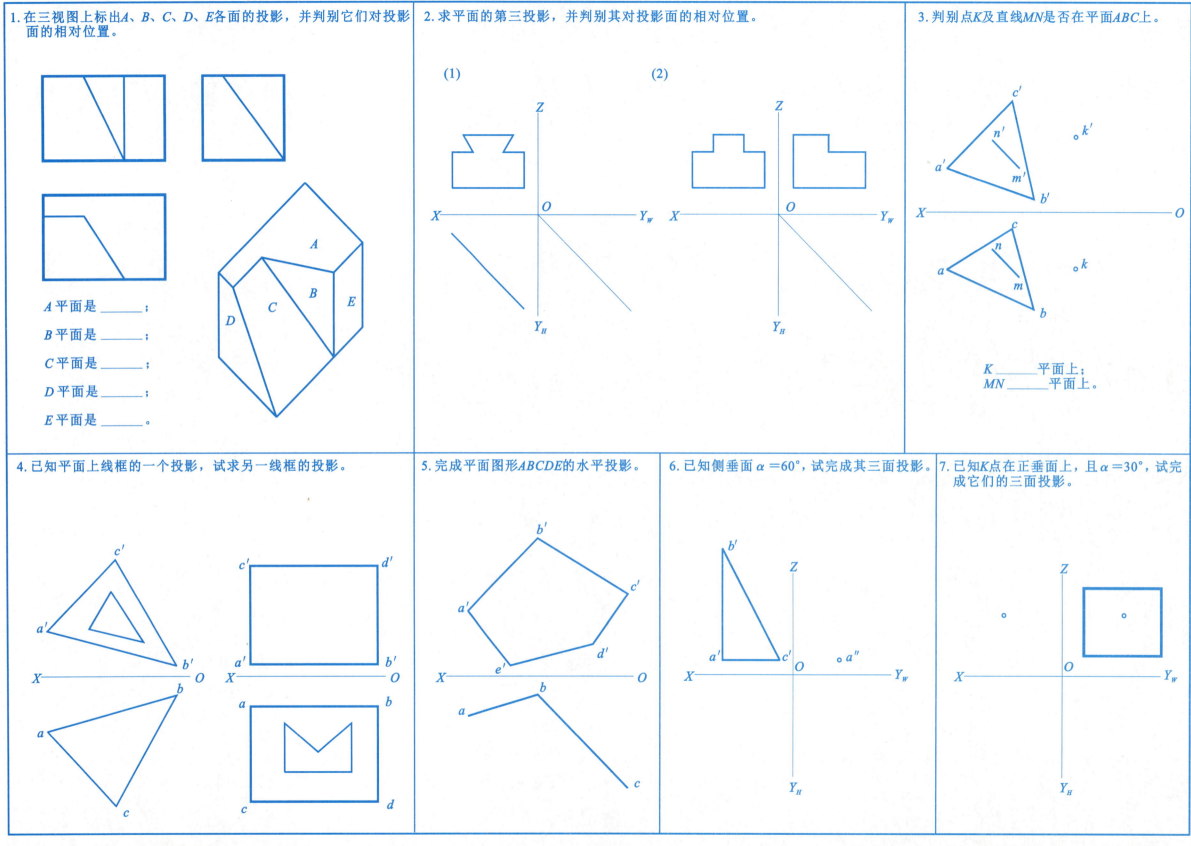

3-5 直线与平面、平面与平面的相对位置

1. 判断直线EF、MN与给定平面是否平行。

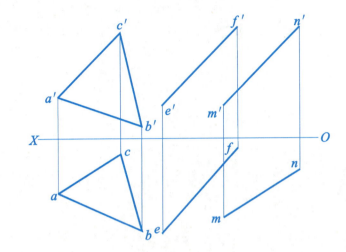

2. 已知下面的两平面平行,作平面DEFG的水平投影。

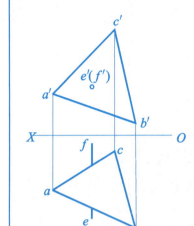

3. 求直线AB与已知平面的交点,并判别其可见性。

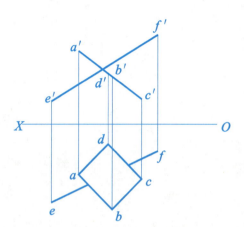

4. 求两平面的交线,并判别其可见性。

(1)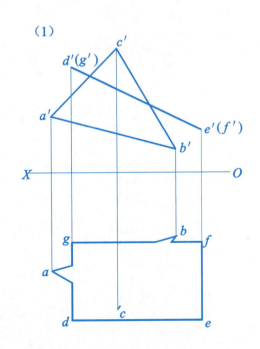

(2)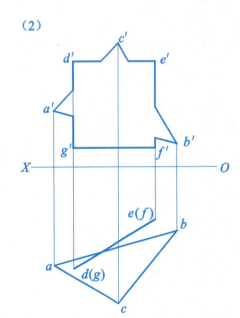

(3)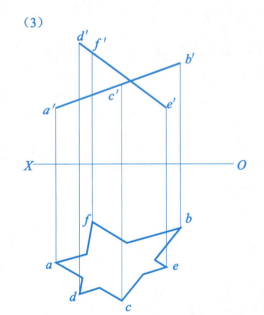

(4)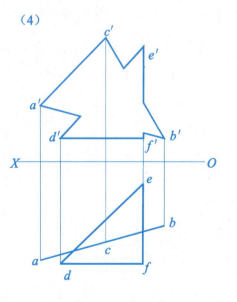

项目4　立体的投影

4-1　平面体的投影（一）

1. 已知正五棱柱高20 mm，试完成V、W面的投影。

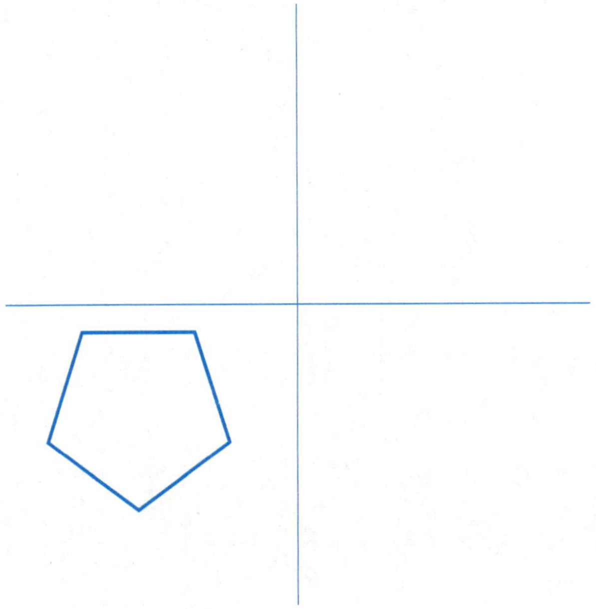

2. 已知正三棱锥高20 mm，试完成V、W面的投影。

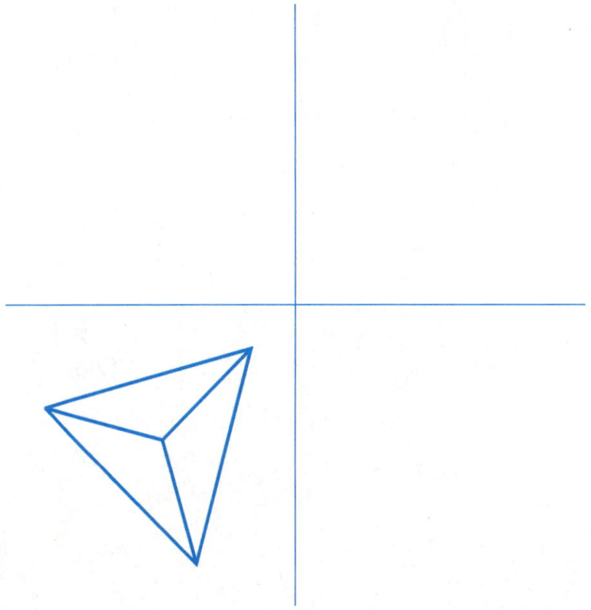

3. 已知正三棱台高20 mm，试完成V、W面的投影。

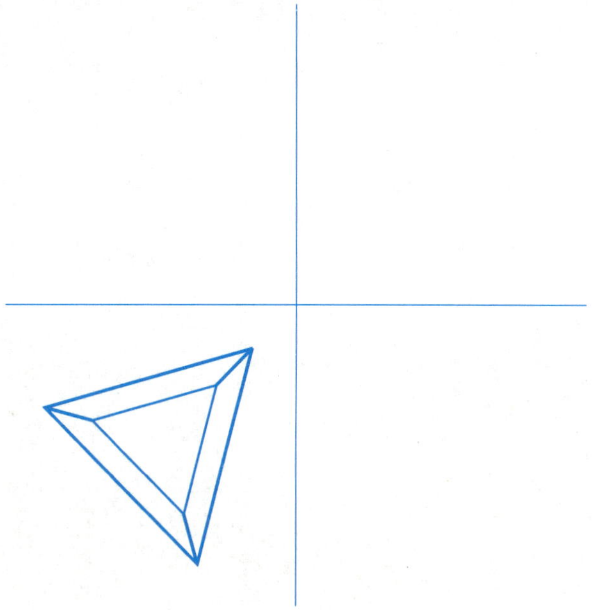

4. 已知正三棱柱水平投影，正三棱柱高18 mm，试完成V、W面的投影。

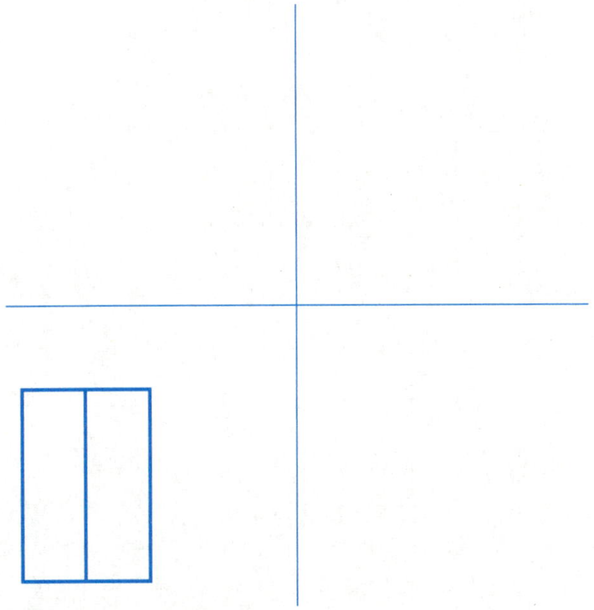

5. 补画视图中的漏线。

（1）　　　（2） 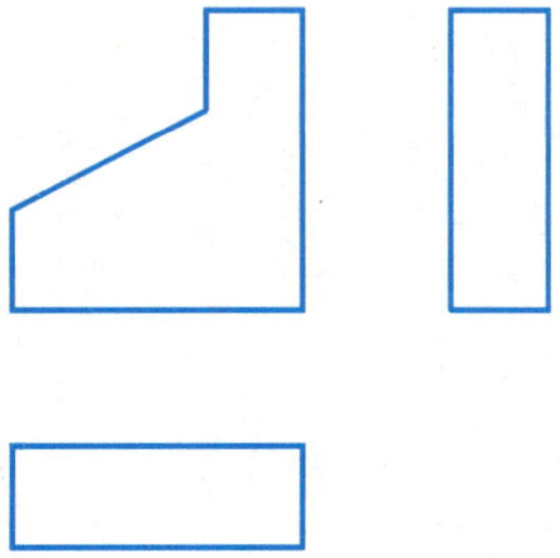　　　（3）

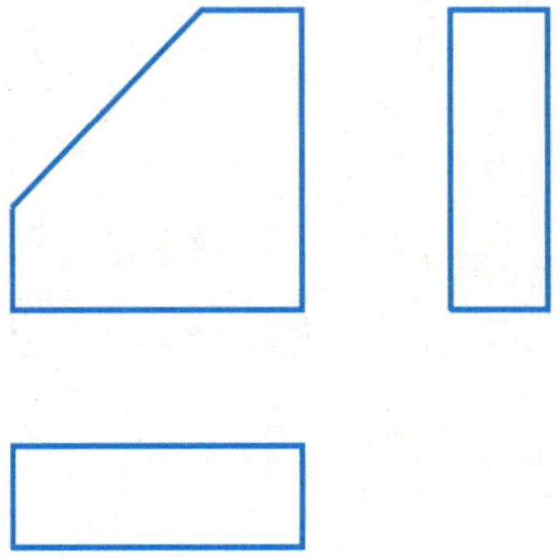

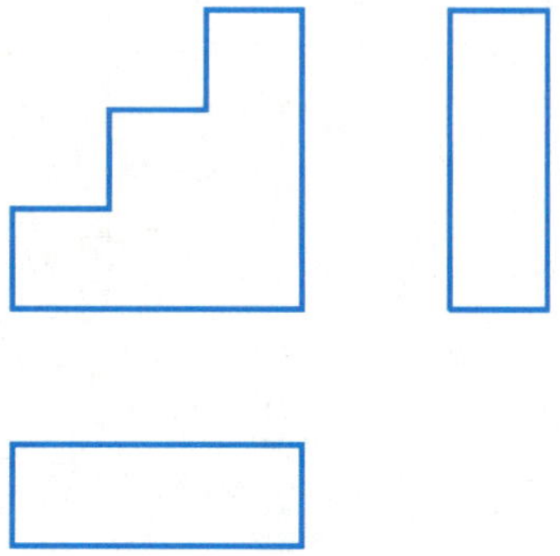

班级　　　姓名　　　学号

4-2 平面体的投影（二）

根据两面投影图找出正确的水平投影图，并在对应的横线上画"√"。

1.

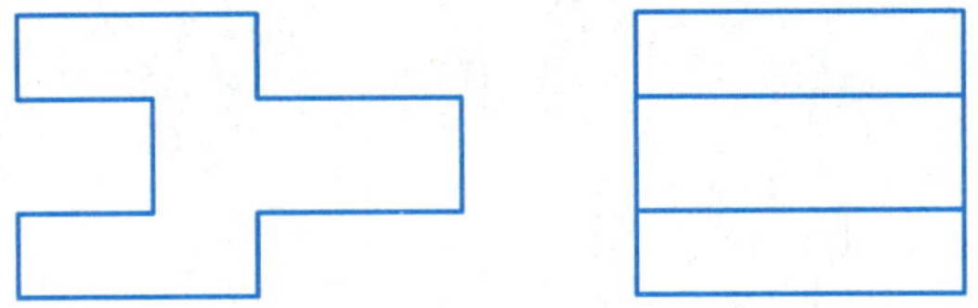

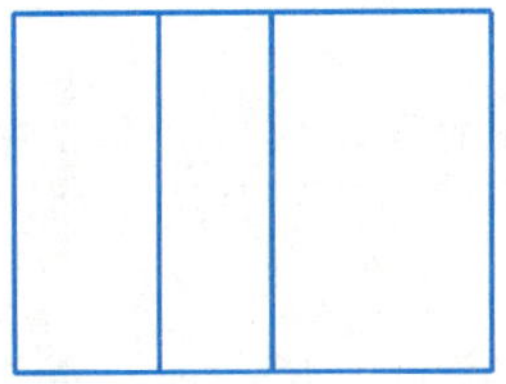

① _____

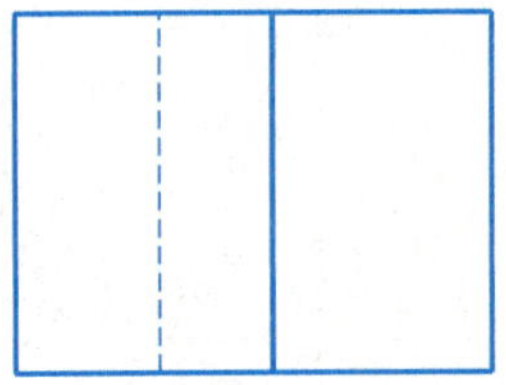

② _____

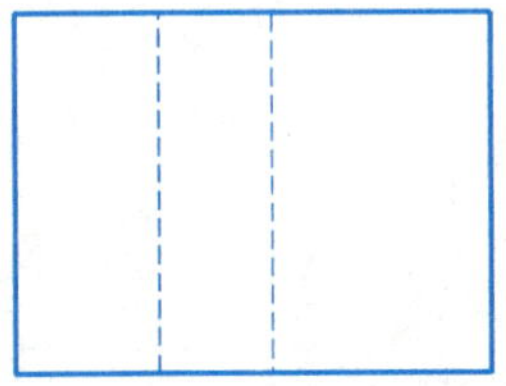

③ _____

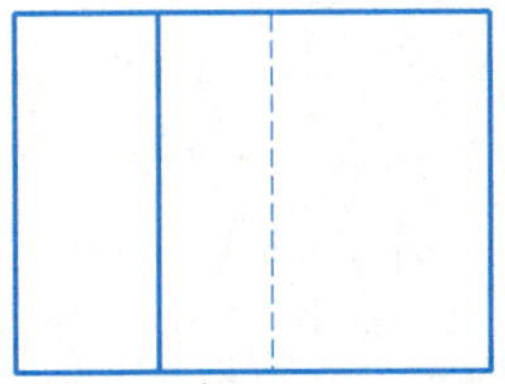

④ _____

2.

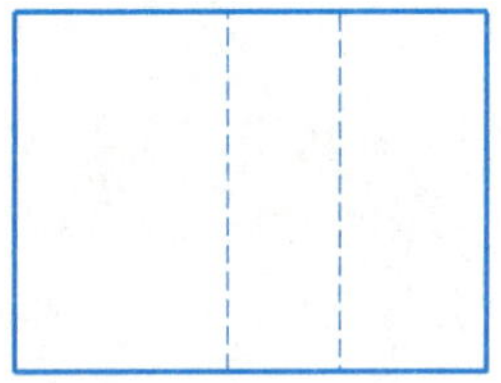

① _____

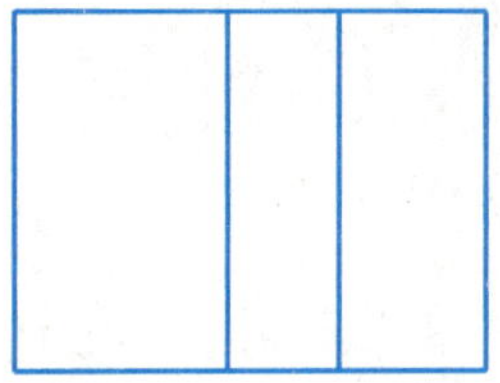

② _____

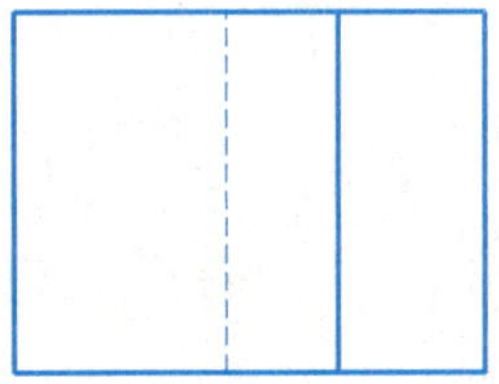

③ _____

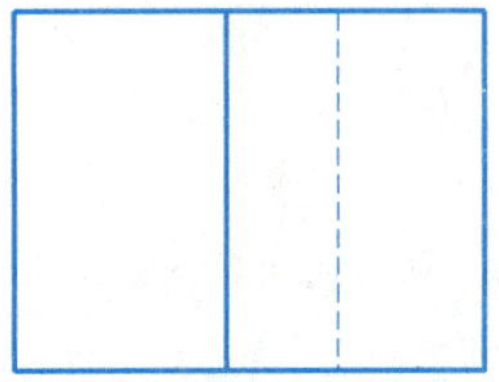

④ _____

3.

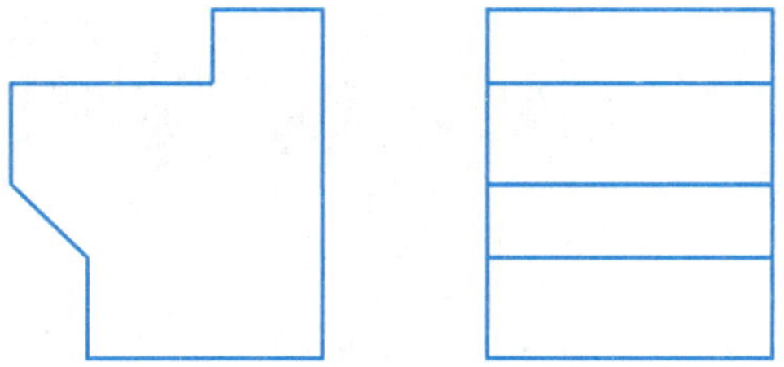

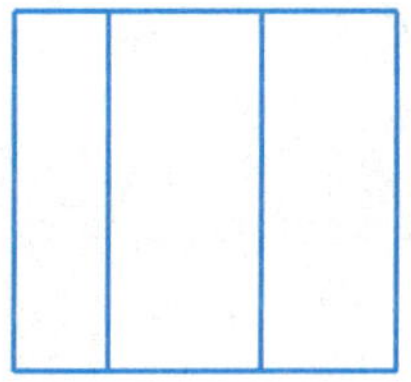

① _____

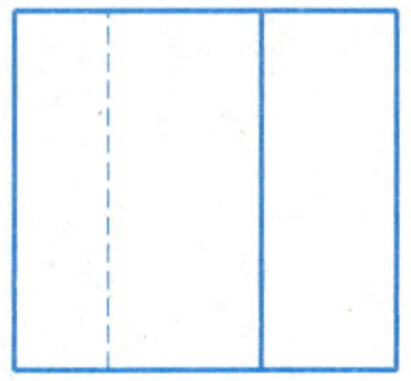

② _____

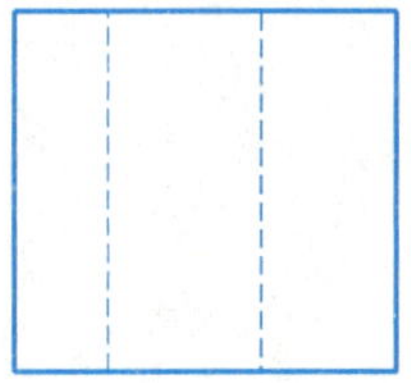

③ _____

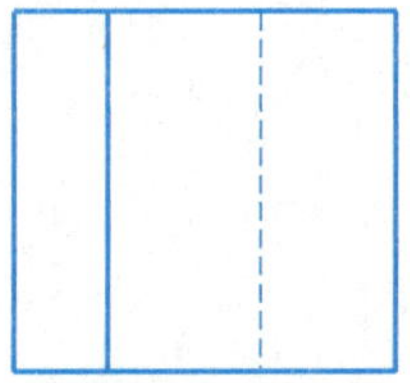

④ _____

4-3 曲面体的投影

1. 试完成圆柱体 V、W 面的投影。

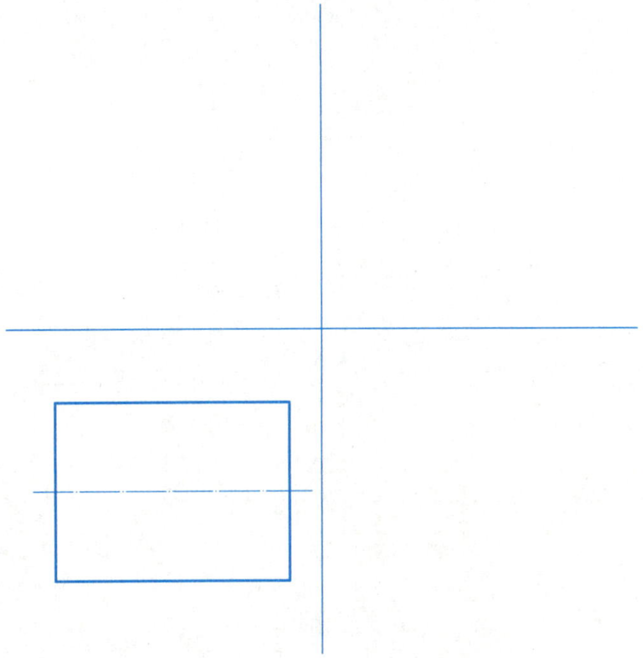

2. 试完成圆锥台和半球叠加形体 H、W 面的投影。

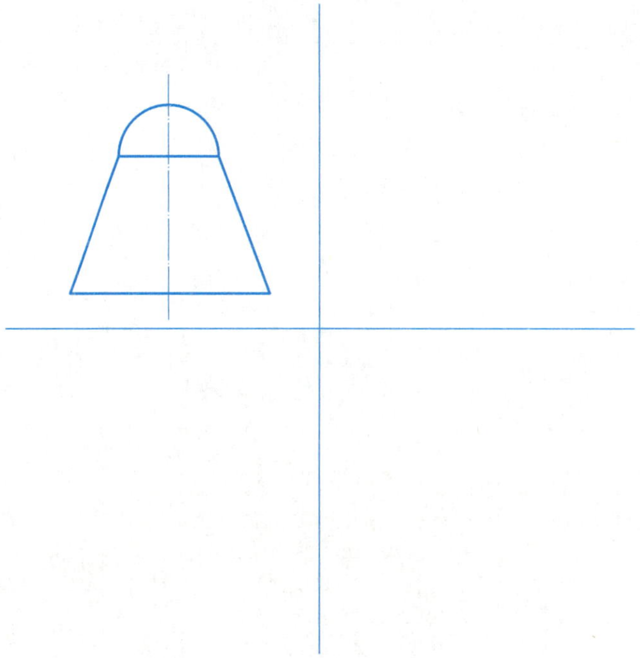

3. 试完成圆锥 V、H 面的投影。

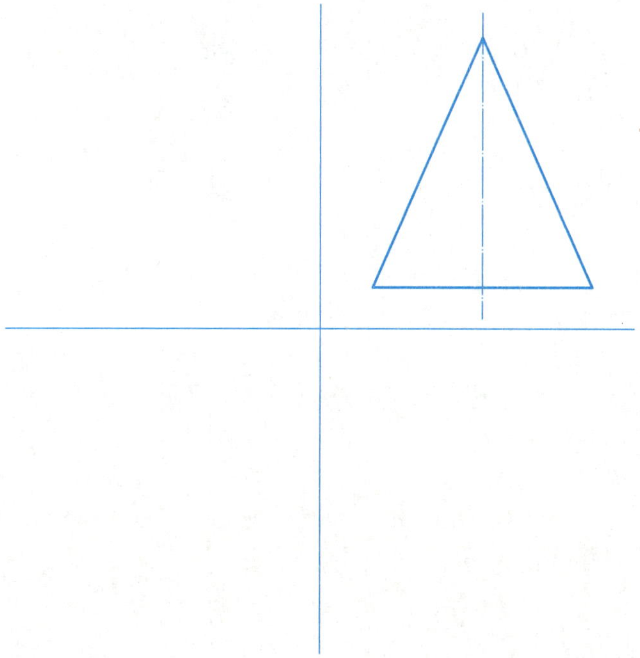

4. 试完成圆台 H、W 面的投影。

5. 补画视图中的漏线。

(1) (2) 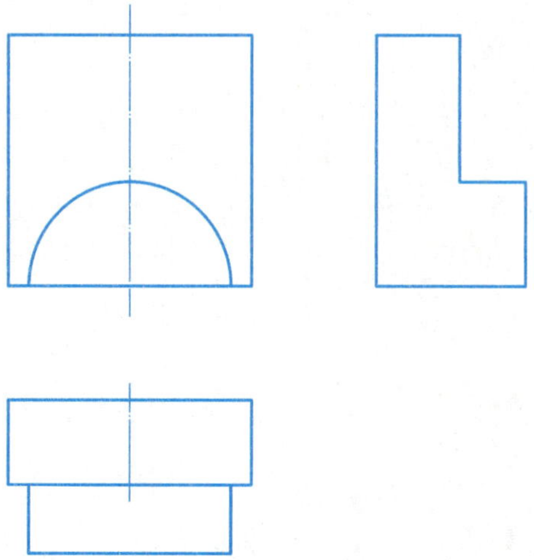 (3)

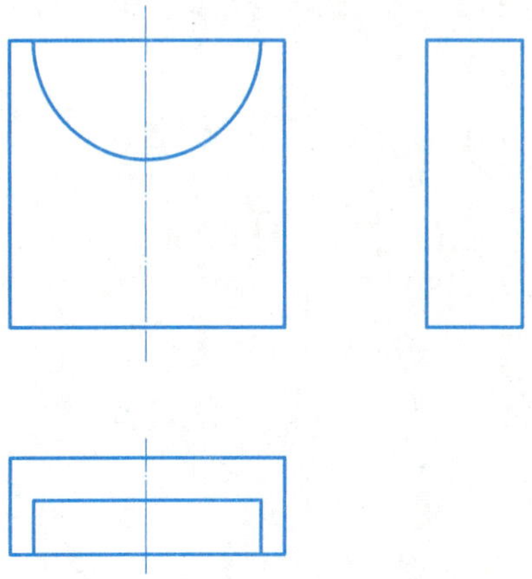

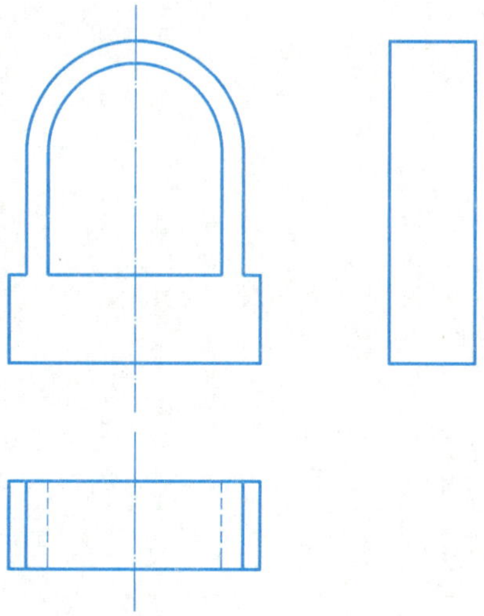

14   班级   姓名   学号

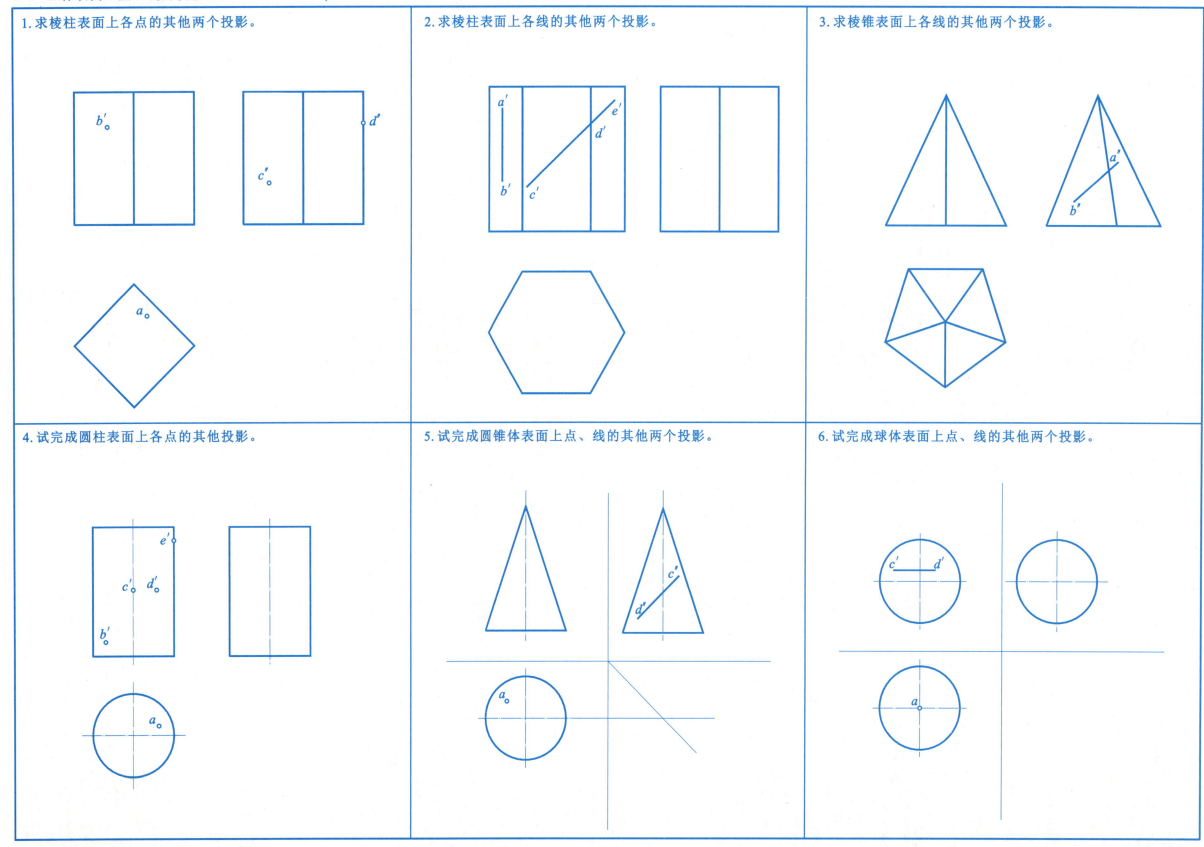

4-5 平面体的截交线

已知平面体的两面投影，补画第三面投影图。

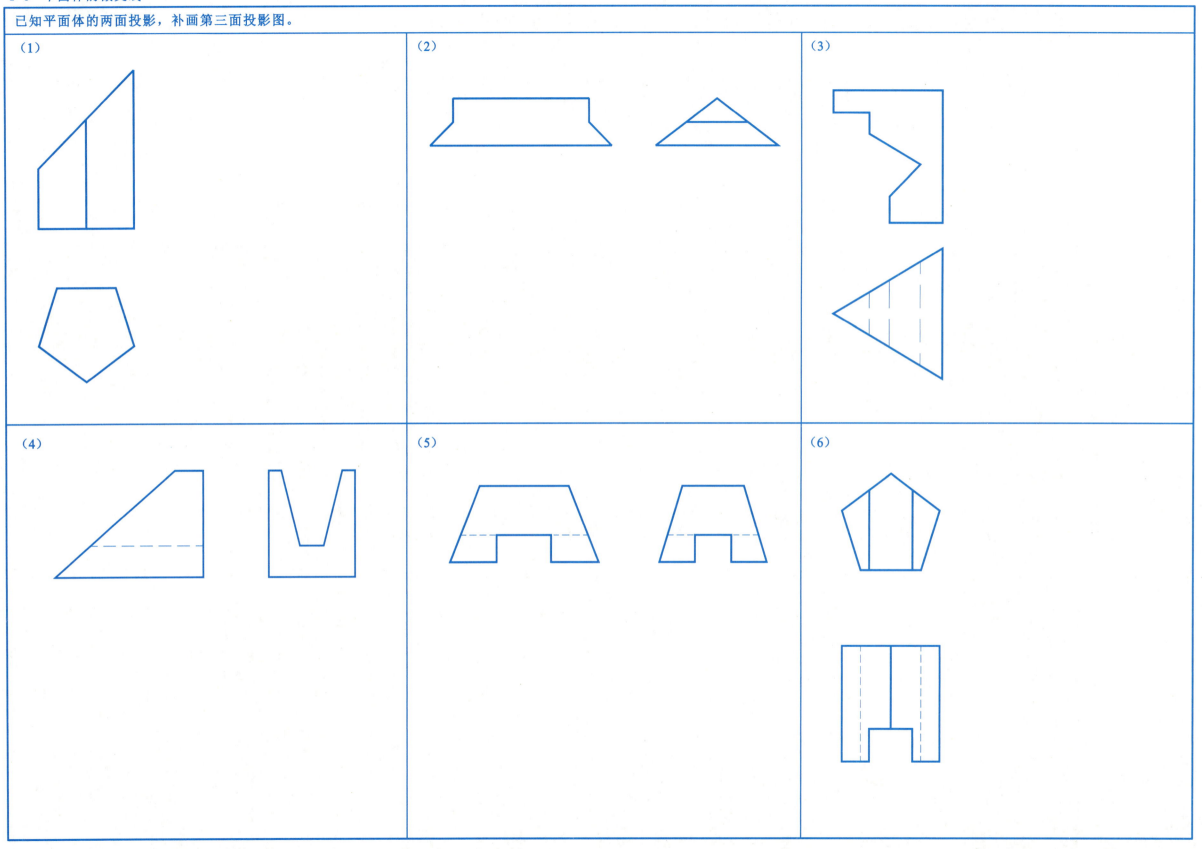

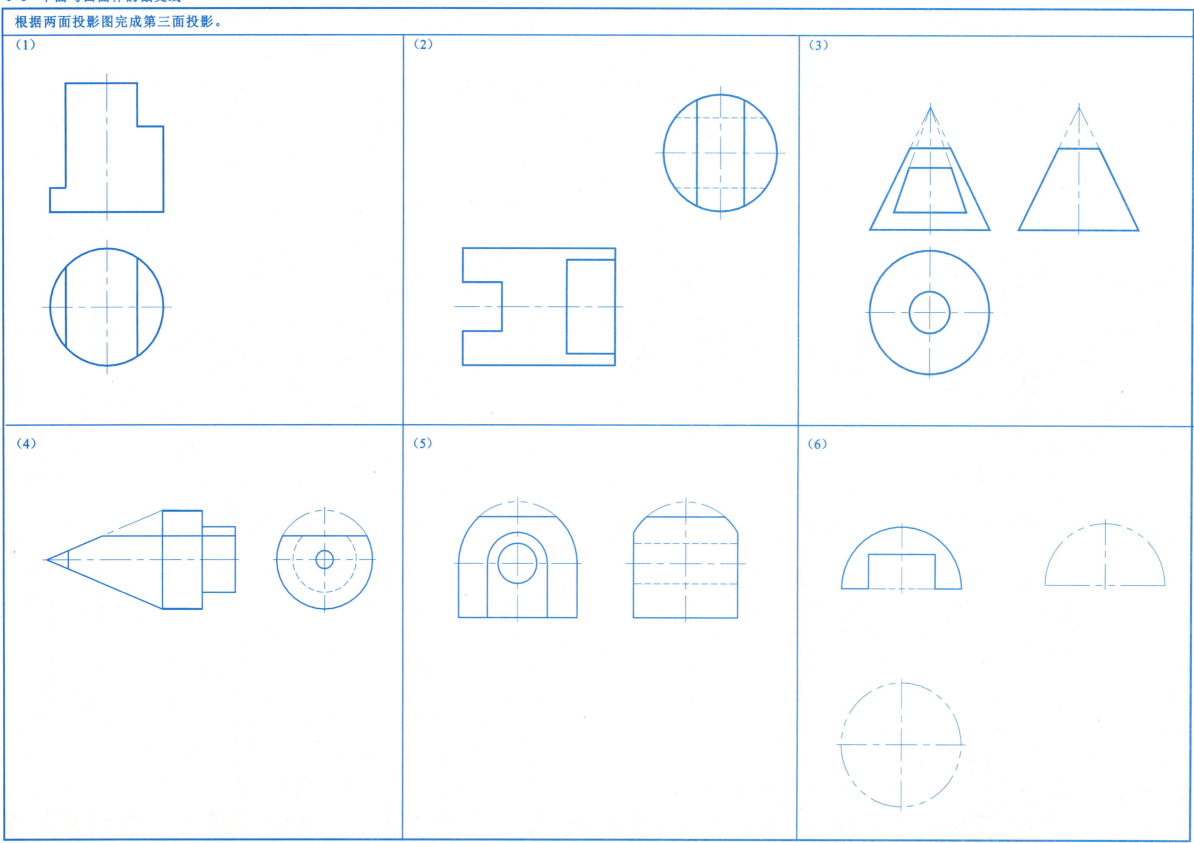

4-7 曲面体与曲面体相交

补画曲面体与曲面体的交线。

(1) (2) (3)

(4) (5) (6)

18 班级　姓名　学号

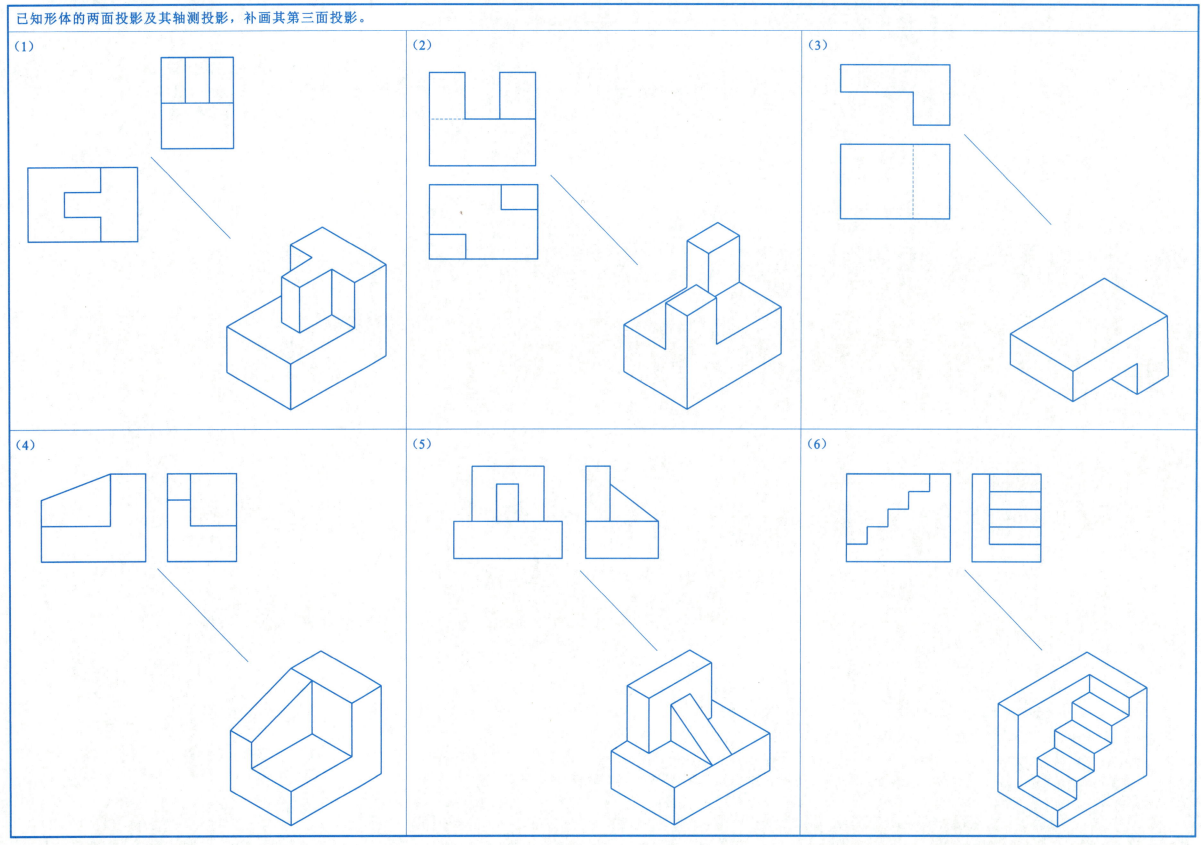

4-9 组合体的投影（二）

根据立体图画形体的三面投影图（尺寸从图中量取）。

(1)

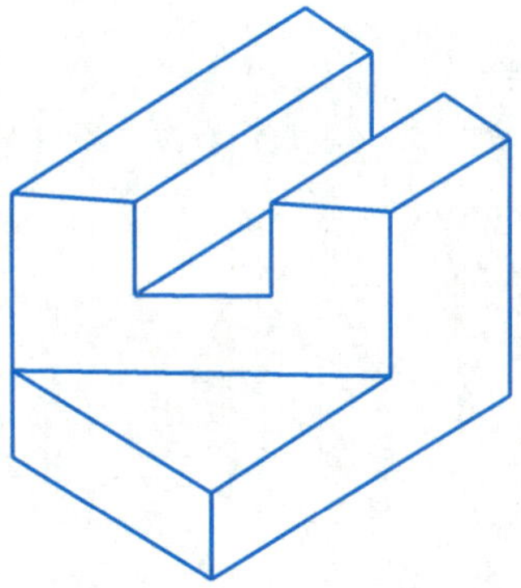

(2)

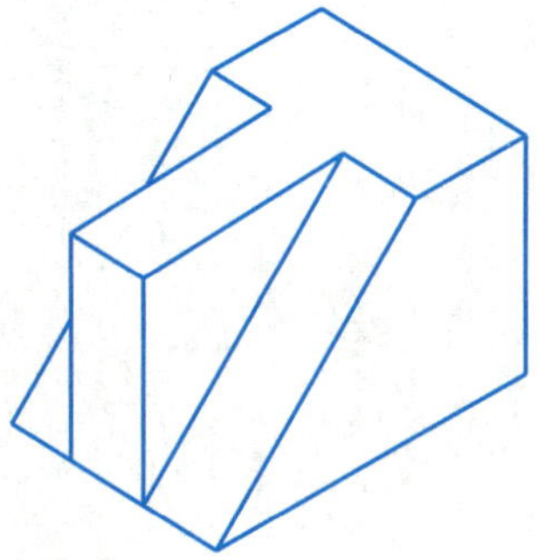

(3)

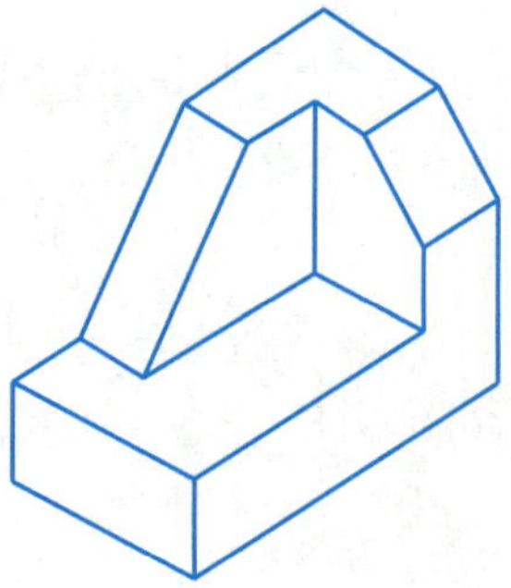

(4)

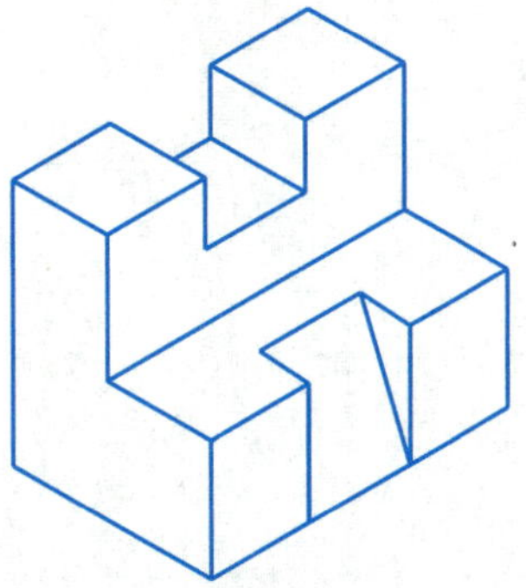

(5)

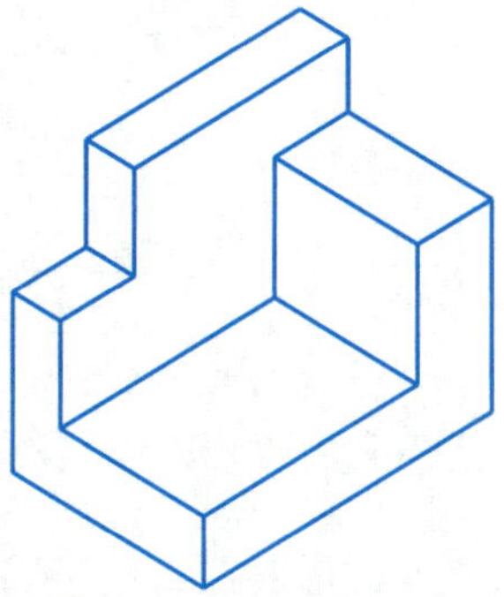

(6)

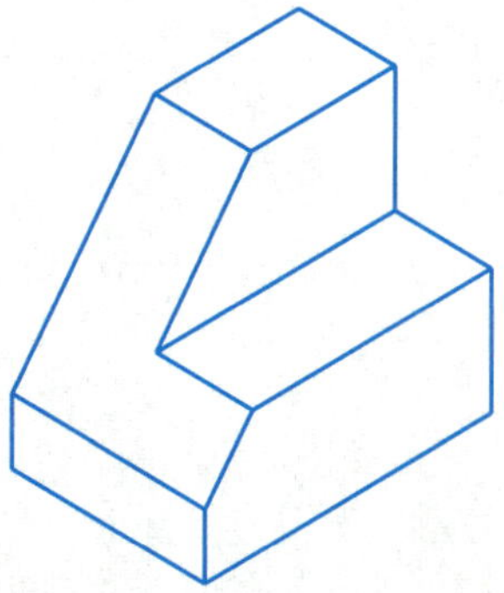

20　　班级　　姓名　　学号

4-9 组合体的投影（二）

根据立体图画形体的三面投影图（尺寸从图中量取）。

(7)

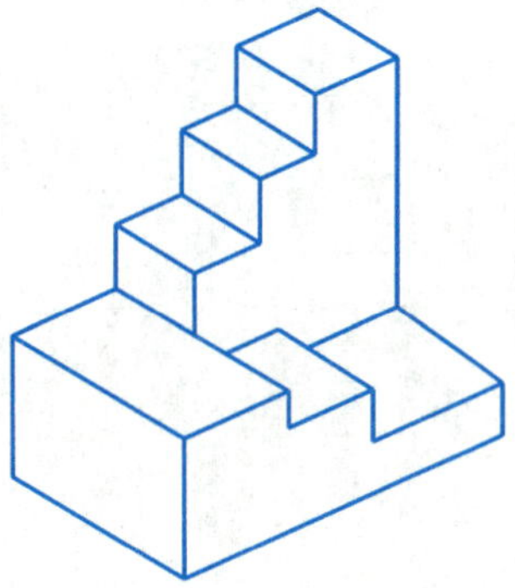

(8)

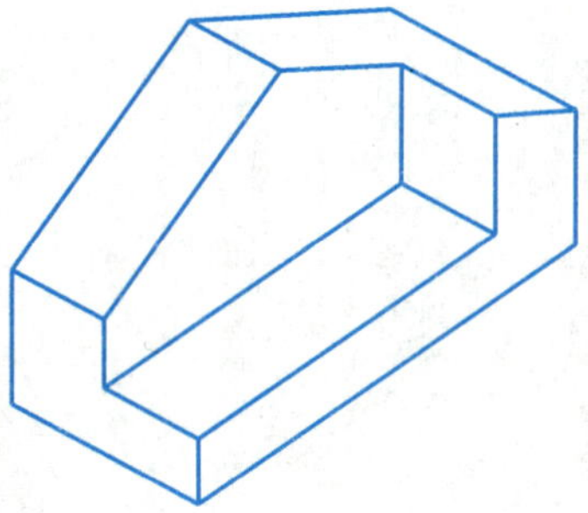

(9)

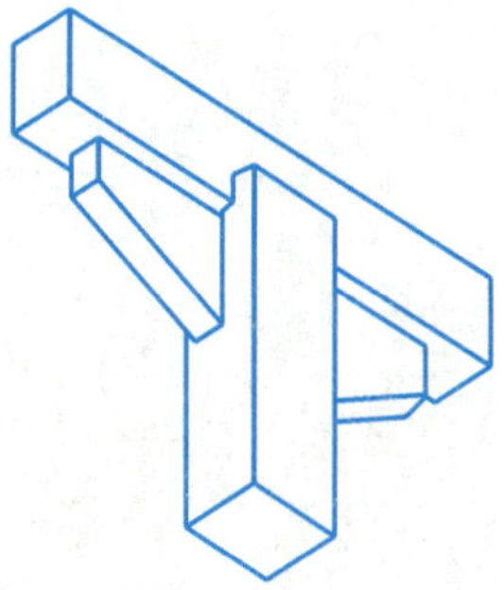

(10)

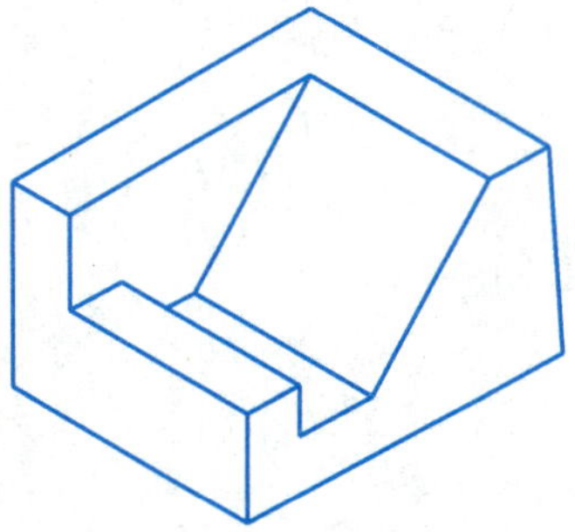

(11)

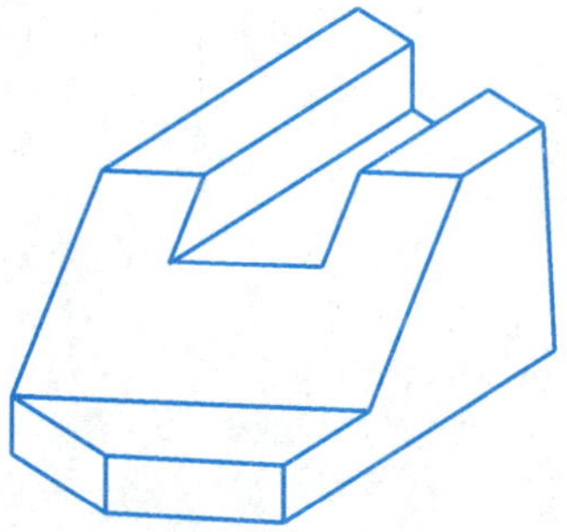

(12)

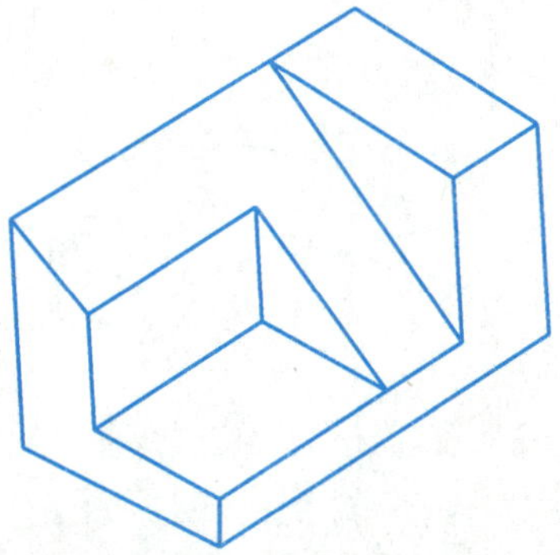

21

班级　　姓名　　学号

4-10 组合体的投影（三）

根据所给出的两面投影，补绘第三面投影。

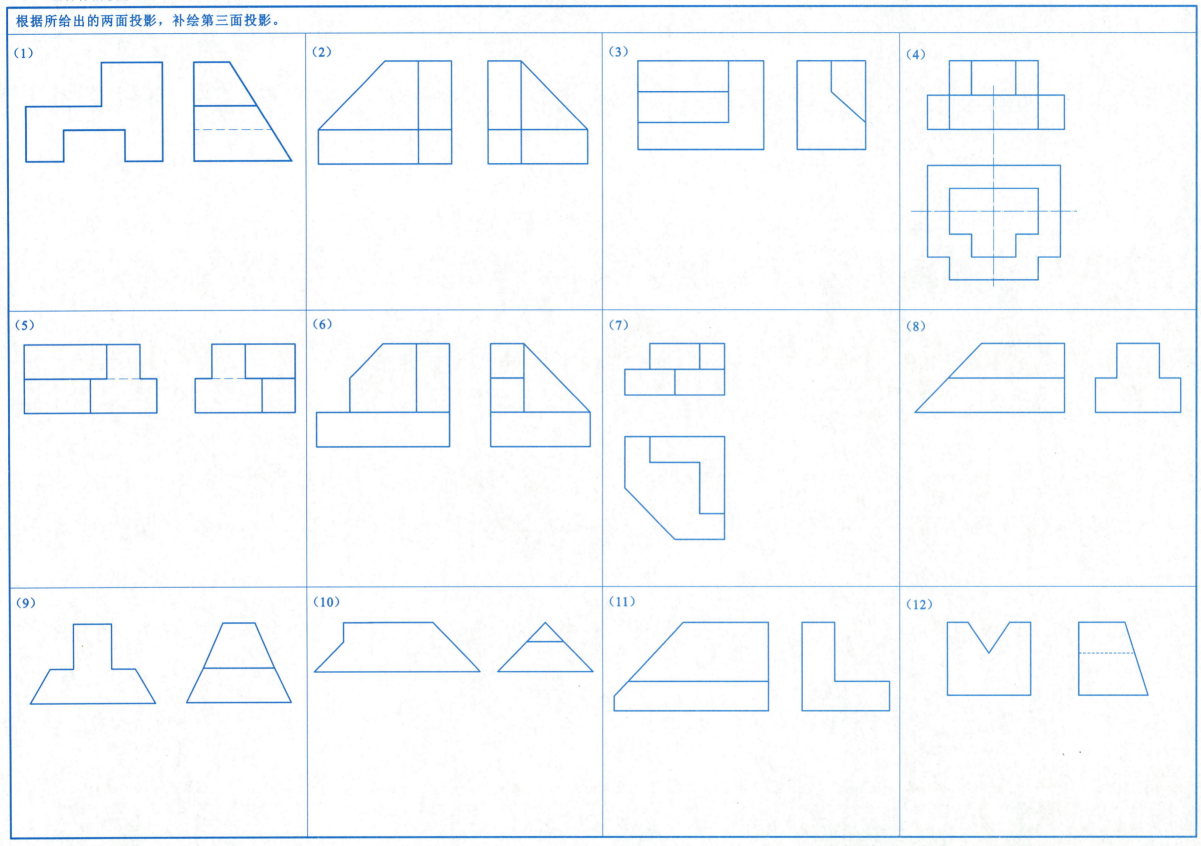

4-11 组合体的投影（四）

补画视图中的漏线。

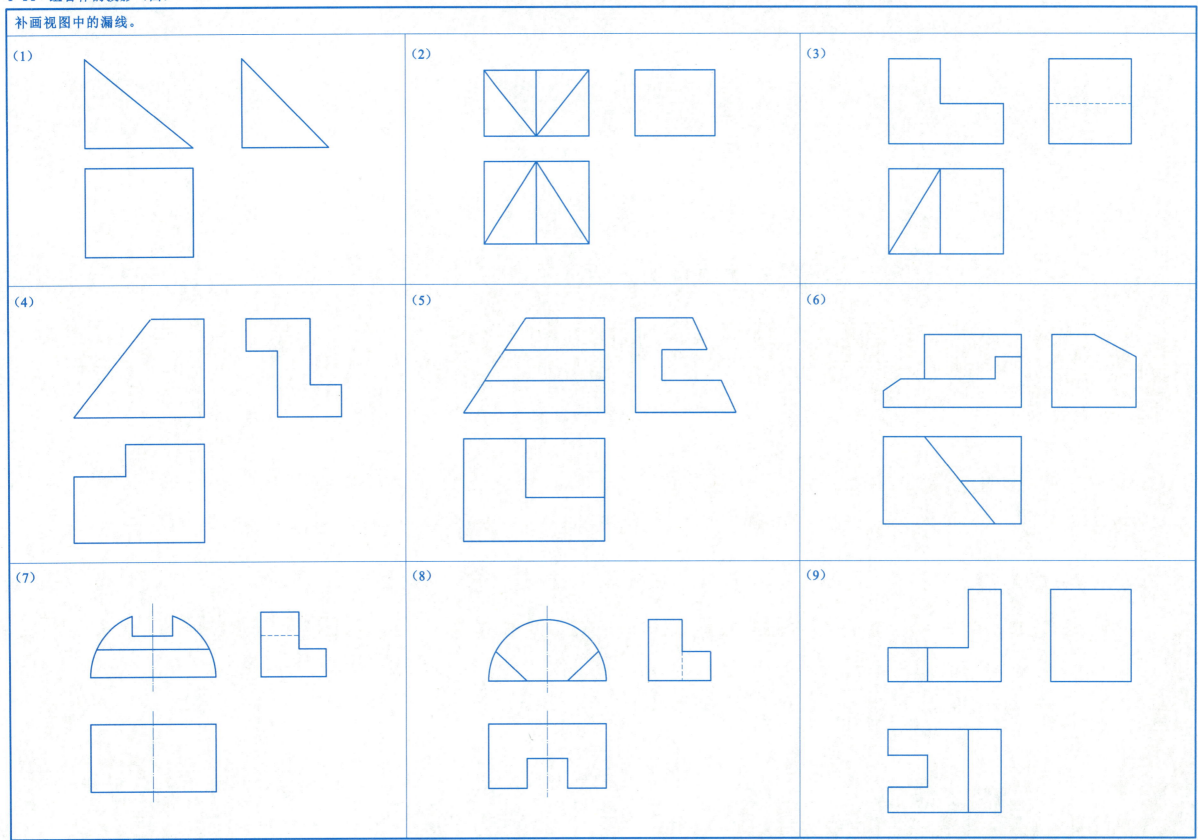

项目 5 轴测投影

5-1 轴测投影（一）

根据所给图形的正三面投影图，画出正等测投影图。

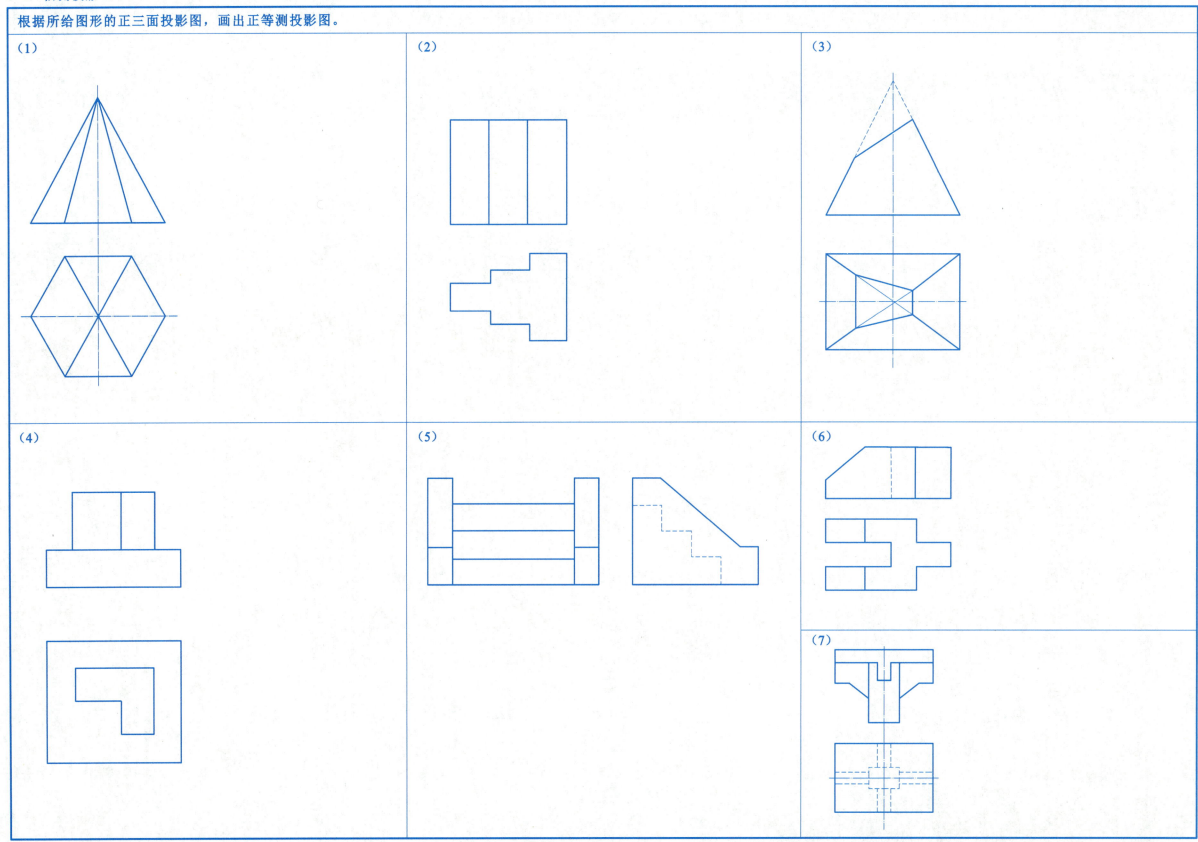

5-2 轴测投影（二）

根据所给图形的正三面投影图，画出正二测投影图。

(1)

(2)

(3)

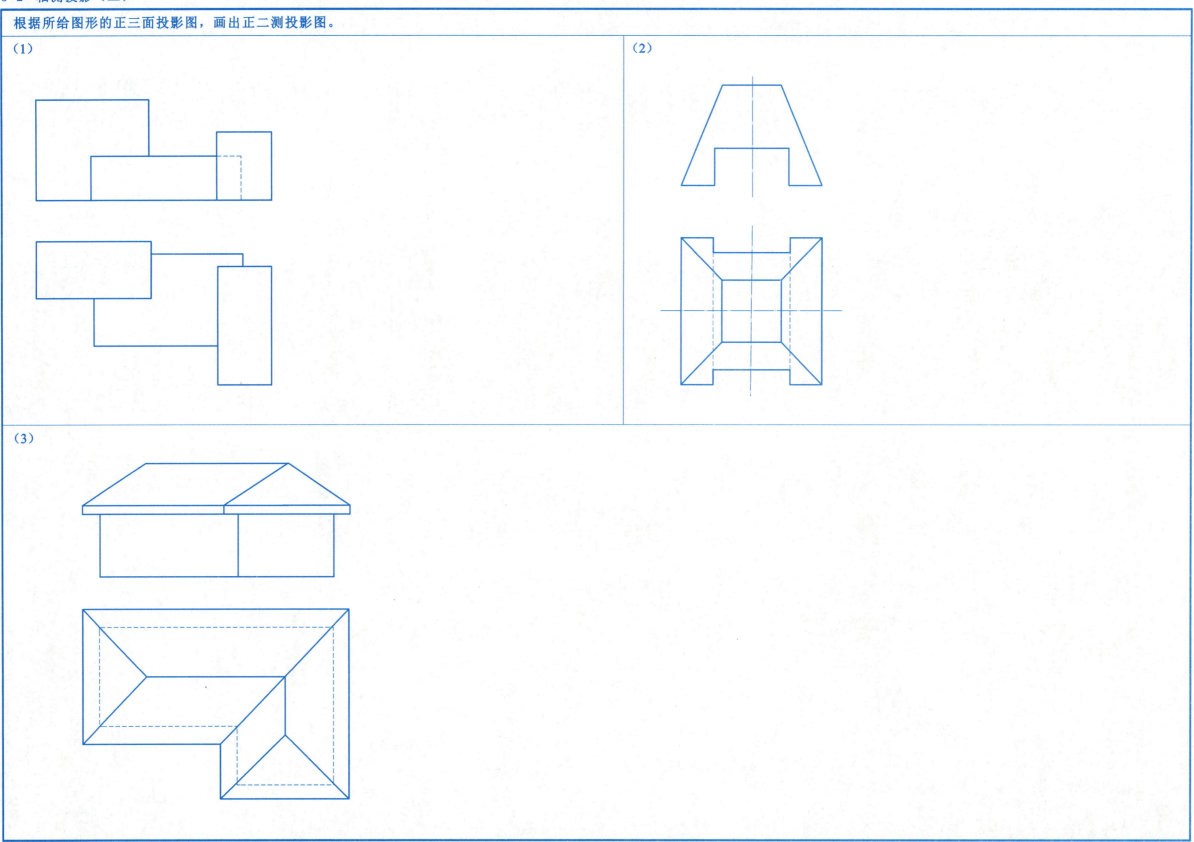

25 班级 姓名 学号

5-3 轴测投影（三）

根据所给图形的正三面投影图，画出曲面体的正等测投影图。

(1)

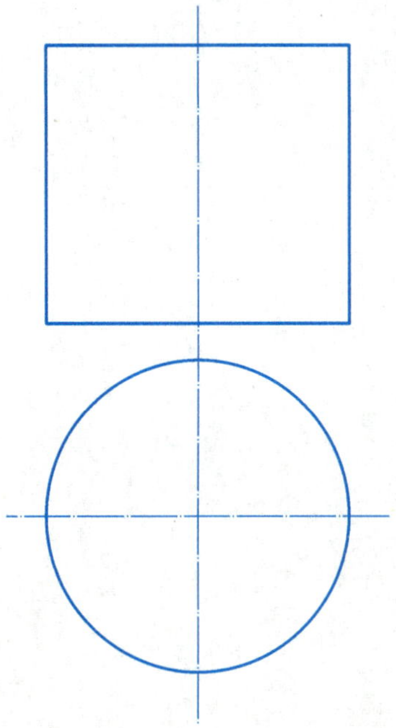

(2)

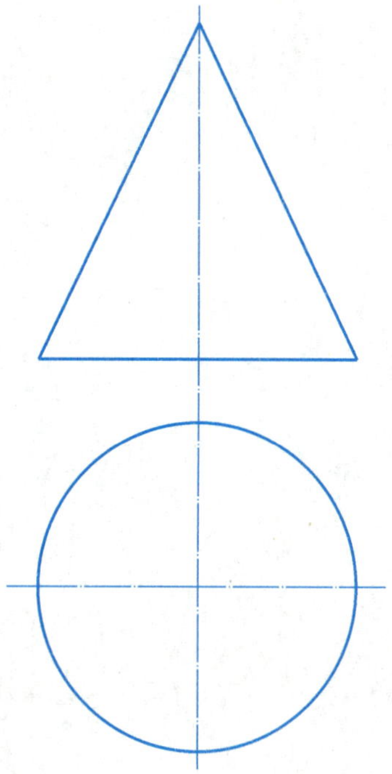

(3)

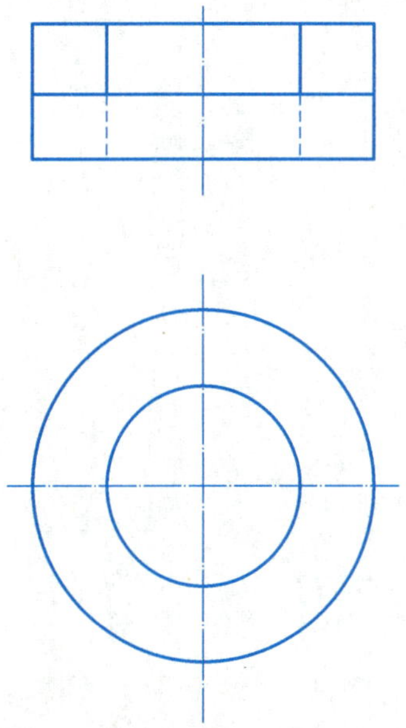

(4)

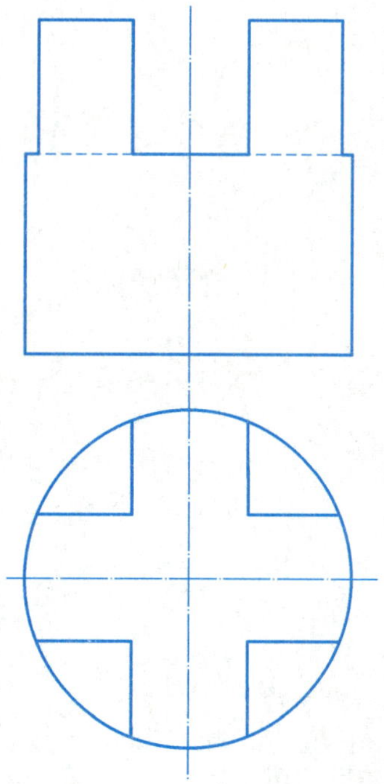

26

班级　　姓名　　学号

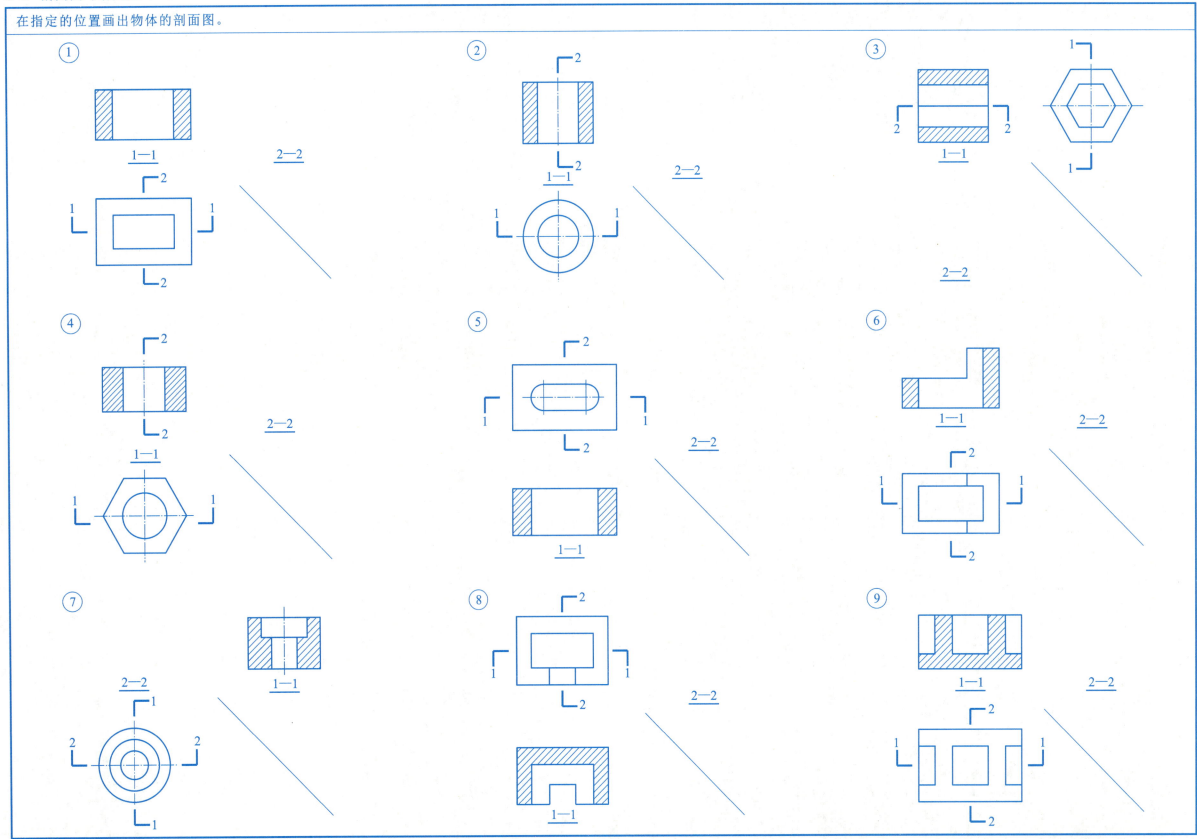

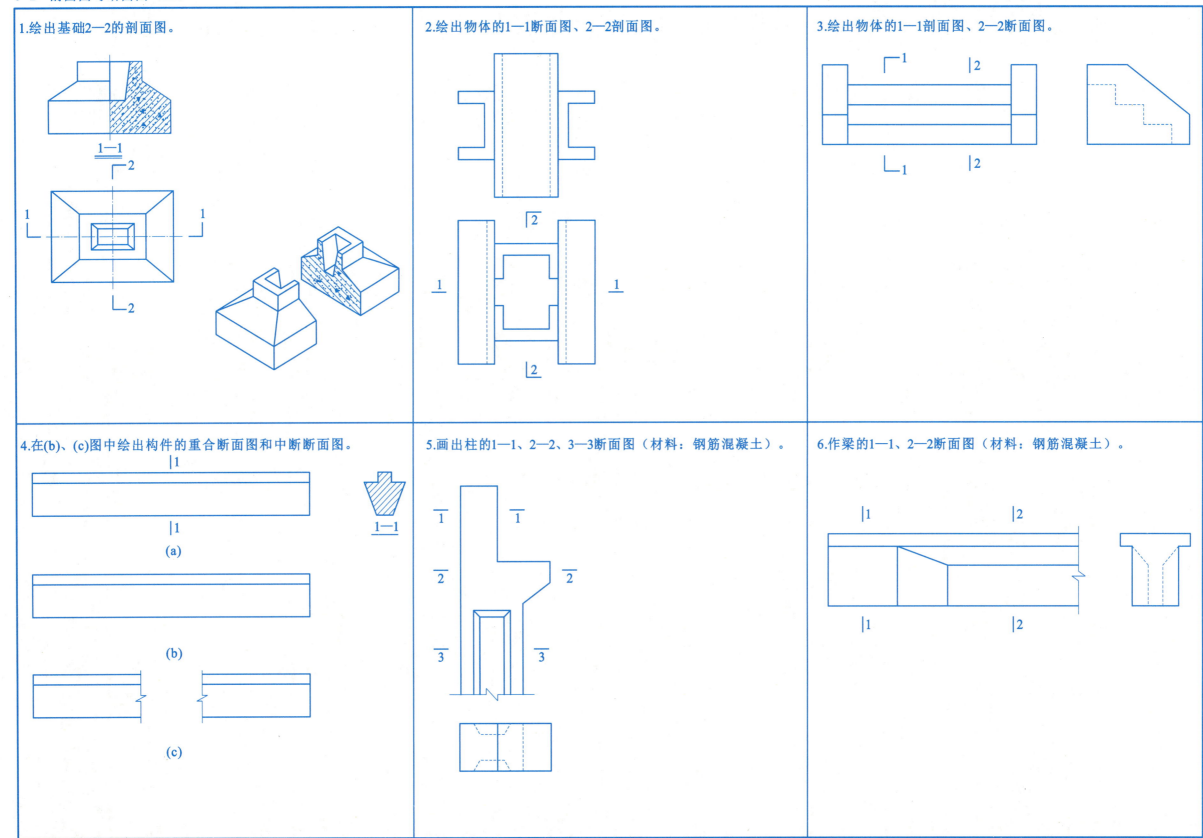

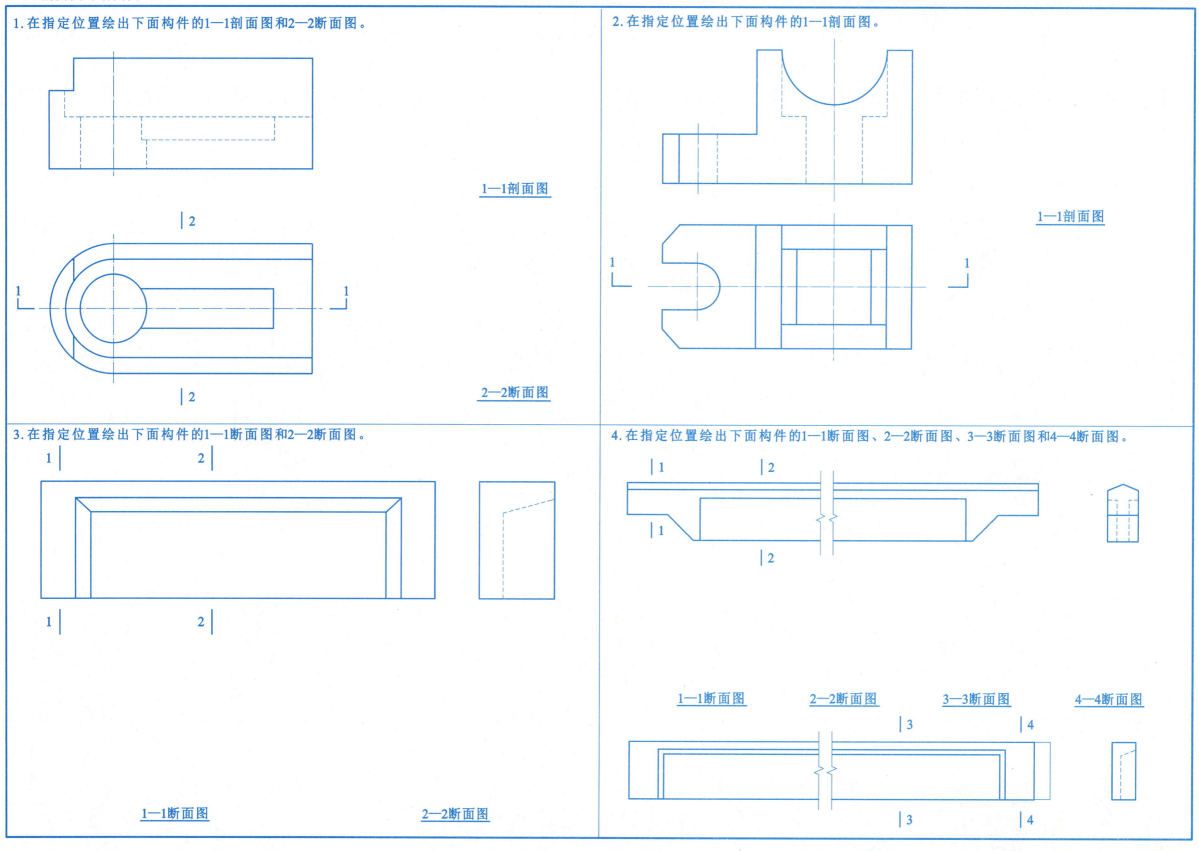

项目7 建筑施工图

7-1 建筑施工图(一)

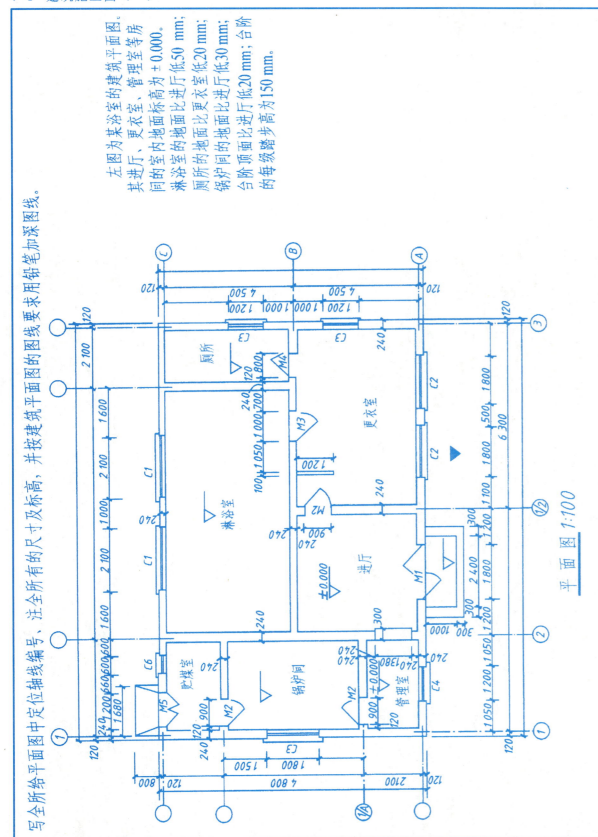

左图为某浴室的建筑平面图,其进厅、更衣室、管理室等房间的室内地面标高为±0.000;淋浴室所的地面比更衣室的地面低20 mm;厕所的地面比更衣室低30 mm;锅炉间的地面比进厅低50 mm;台阶顶面比进厅低20 mm;台阶的每级踏步高为150 mm。

写全所给平面图中定位轴线编号,注全所有的尺寸及标高,并按建筑平面图的图线要求用铅笔加深图线。

平面图 1:100

1.工程图的图线线型有实线、_____、_____、_____、_____、_____、_____。

2.工程图中,对于表示不同内容和区别主次的图线,其线宽都互成一定的比例,即粗线、中粗线、细线三种线宽之比为_____:_____:_____。

3.工程图中说明的汉字,应采用_____字体。如数字和汉字在一起,数字字号应比汉字字号_____。

4.工程图中的比例是指_____与_____相对应的线性尺寸之比。图中标注的尺寸数字,是物体的_____,它与绘图所选用的比例_____。

5.工程图中的尺寸由_____、_____、_____、_____四部分组成。尺寸单位除标高及总平面图以____为单位外,其余均以____为单位。

6.定位轴线是施工中_____和_____的重要依据,凡承重的____、____、____等主要承重构件,均应有定位轴线确定其位置。轴线编号圆圈直径为____毫米。平面图上定位轴线的编号,宜标注在图样的__与__侧。横向编号应用____从__至__顺序编写,竖向编号应用大写____,从__至__顺序编写。

7.在索引符号和详图符号中,索引符号的圆及水平直径应以_____线绘制,圆的直径为_____毫米;详图符号的圆应以_____线绘制,圆的直径为____毫米。

8.标高是标注建筑物_____的一种尺寸形式。标高有_____和_____之分外,还有_____和____标高之别。____标高以青岛附近的黄海平均海平面为零点,____标高以房屋的底层室内主要地坪高度为零点,____标高是构件包括粉刷层在内的装修完成后的标高,____标高则是构件的不包括粉刷层的毛面标高。

9.在风玫瑰图中,实线表示_____,虚线表示_____。

10.指北针圆圈直径为____毫米,用____实线绘制。

11.房屋施工图是直接用来为____服务的图样,其内容按专业的分工不同,有____施工图、____施工图、____施工图,其中____施工图包括水施、暖施、电施等。

12.建筑施工图包括_____、_____、_____、_____等。

7-2 建筑施工图（二）

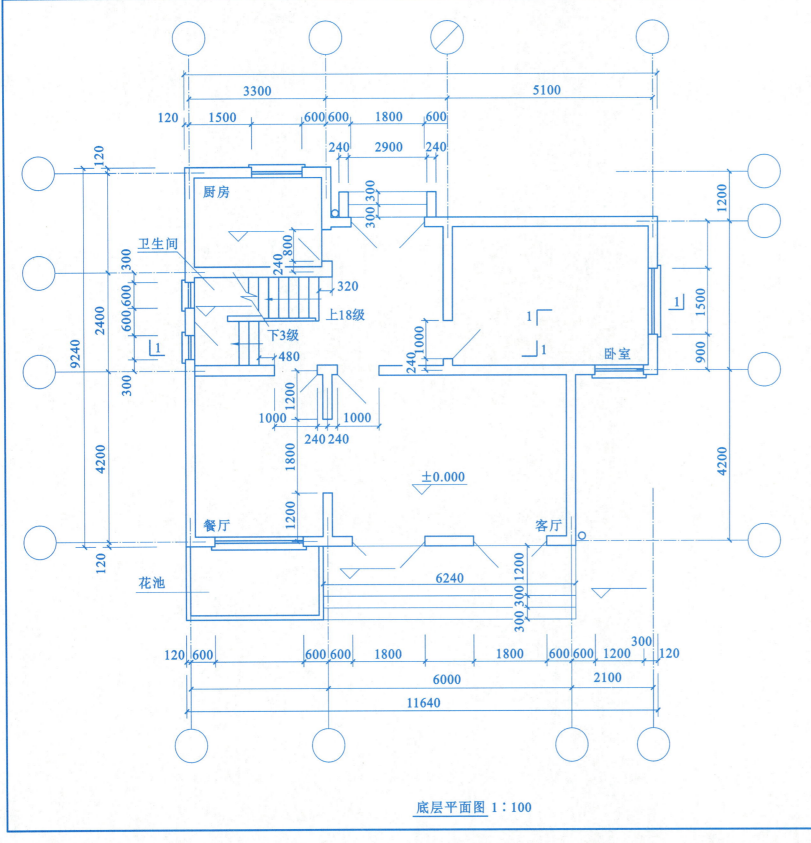

底层平面图 1:100

左图为某住宅的底层平面图的未完成图。已知客厅、餐厅和卧室的地面标高均为±0.000，厨房的地面比客厅地面低20 mm，卫生间的地面比客厅地面低450 mm，室外平台面比客厅地面低50 mm，台阶的每一级踏步高为150 mm，所有墙体均为240 mm厚。

要求：
1. 读懂这个底层平面图的全部内容，并按平面图的线型要求用铅笔加深。
2. 注写定位轴线的编号，注写所有尺寸及标高。
3. 如果该住宅的客厅门窗朝向是南偏西30°，在平面图的右下角画上指北针。
4. 计算房间的开间、进深、净长、净宽和净面积，填入下方表格中。

名 称	客 厅	餐 厅	卧 室	厨 房
开间/m				
进深/m				
净长/m				
净宽/m				
净面积/m²				

7-3 建筑施工图（三）

下图为某浴室的①～③立面图。各部分的标高值如下表。

名称	屋檐底面	雨棚底面	门洞顶面	勒脚
标高	3.600	2.400	2.100	0.130
名称	左侧窗洞顶面	左侧窗台面	右侧窗洞顶面	右侧窗台面
标高	2.400	0.900	3.000	2.100

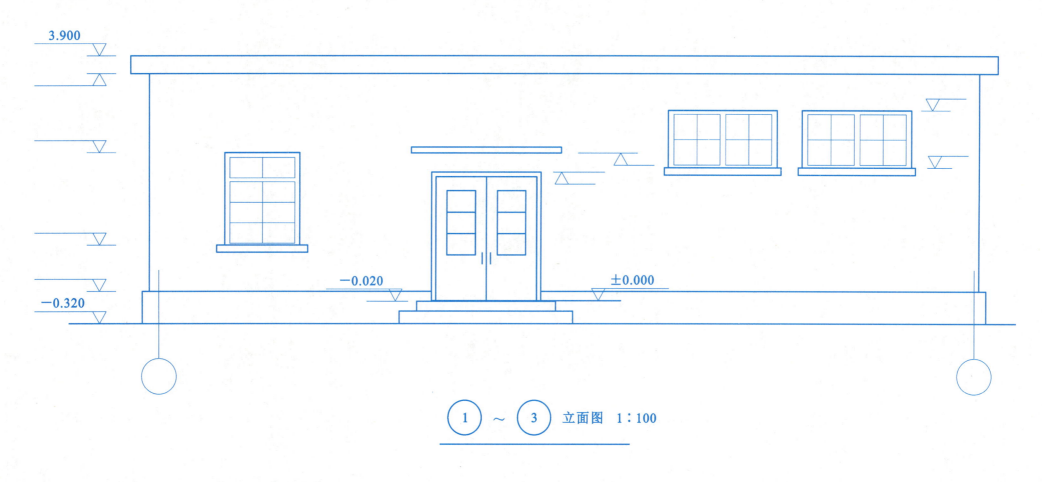

①～③ 立面图 1：100

要求：(1) 在立面图中标注出各部分的标高。
(2) 在窗图例中按实际可能画出开启方向符号。

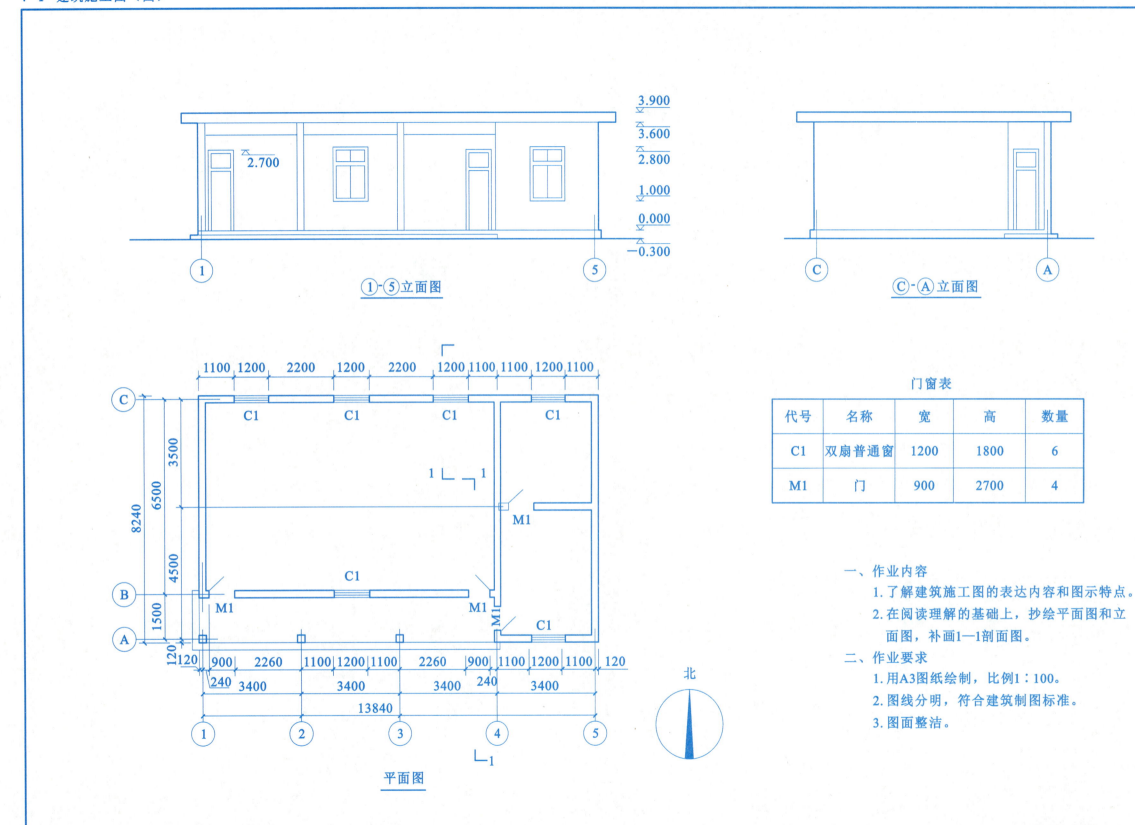

7-5 建筑施工图（五）

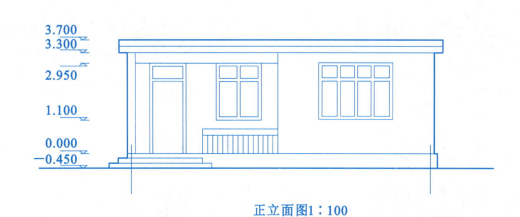
正立面图 1：100

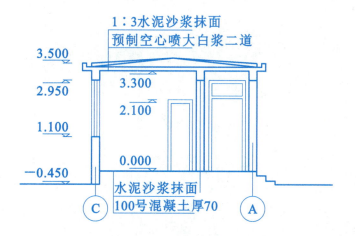
1—1剖面图 1：100

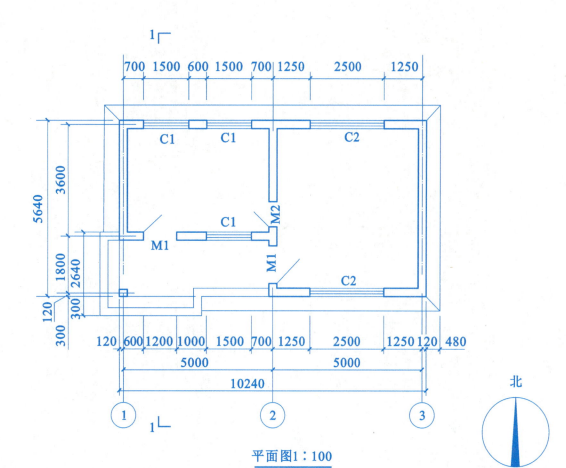
平面图 1：100

一、作业内容
1. 了解建筑施工图的表达内容和图示特点。
2. 在阅读理解的基础上，抄绘平面图、立面图，1—1剖面图，补画背立面图、列门窗表。

二、作业要求
1. 用A3图幅绘制，比例1：100。
2. 图线分明，符合建筑制图标准。
3. 图面整洁。

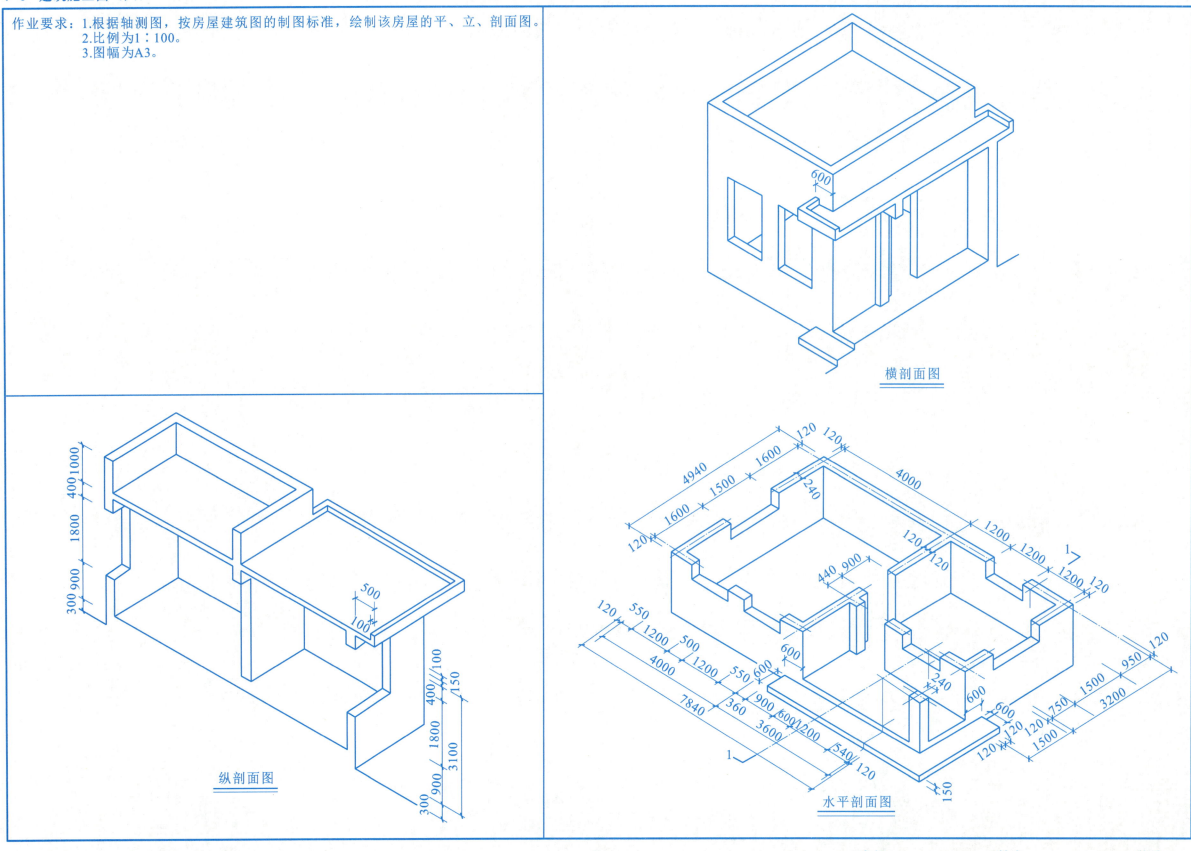

7-7 建筑施工图（七）

根据楼梯的一层平面图和1—1剖面图，补画楼梯的二层和三层平面图，补全1—1剖面图并注全标高尺寸。

说明：楼梯间墙厚为240 mm，楼板和平台面厚均为150 mm，楼梯板厚为150 mm（垂直方向量），各层平台宽均为1300 mm（从轴线量），栏板高为900 mm（从踏步中间量），窗台高1000 mm（从平台面量），窗洞尺寸为1200 mm×1500 mm，其他未注尺寸可自定。

1—1剖面图 1:100

三层平面图 1:100

二层平面图 1:100

一层平面图 1:100

7-8 建筑施工图（八）

1.总平面图表明新建房屋的_____等情况。在总平面图中常用_____和_____表示房屋的朝向。

2.建筑平面图（除了屋顶平面图之外）是用一个假想的_____剖切面，沿房屋的_____以上剖开整幢房屋，移去剖切面上方部分后的____剖视图。

3.在1∶100、1∶200的小比例平面图中，剖到的砖墙一般用_____表示；剖到的钢筋混凝土构件的断面图用_____表示。

4.五层楼的房屋一般应画出_____张平面图。其中二、三、四层平面布置相同，合用一张平面图的图名应称为_____。

5.建筑平面图中外墙尺寸应标注三道：最外一道是_____，中间一道是_____，最内一道是_____。

6.建筑平面图中标注的标高是相对于_____为正负零点的标高。

7.一般房屋有四个立面，通常把反映房屋主要出入口的立面图称为_____图，其背后的立面图称为_____图，两侧的立面图称为_____图。也可按房屋立面的朝向来定立面图的名称，如_____图，或用立面图两端_____墙的_____来定立面图的名称。

8.在建筑立面图中，通常把房屋立面的最外轮廓线画_____线，室外地坪线画_____线，凸出的墙面、屋檐、台阶、阳台、门窗洞等轮廓线画_____线，其余如门窗图例、墙面引条线、阳台的栏杆、装饰材料、水斗及雨水管、定位轴线圆圈、标高符号、说明引出线等画_____线。

9.在建筑立面图中，部分窗中画有斜的细线表示窗的开启方向，细实线表示_____，粗实线表示_____。

10.建筑剖面图的剖切面应选择在能显露房屋内部结构和构造_____、_____、_____的部位，并应通过_____。若为多层房屋应选择在_____。

11.建筑剖面图的剖切位置及其投影方向与编号，应标绘在_____平面图中。

12.建筑剖面图的比例宜采用_____，通常与建筑平面图相同，当剖面图比较复杂时，可以采用_____比例来绘制。

13.建筑剖面图一般应该标注出建筑物被剖切到外墙的三道尺寸：最外侧的一道是_____地面以上的_____尺寸，中间一道是_____尺寸，最靠近外墙的尺寸是_____等细部的高度尺寸。此外，根据需要，补充标注出某些局部尺寸和标高。

14.楼梯通常由_____、_____、_____、_____等组成。踏步由____面和____面所组成。n级踏步的梯段有n-1个___面和n个___面。

15.楼梯详图包括_____、_____和_____等的节点详图。

项目8 结构施工图

8-1 结构施工图（一）

根据所给柱基详图，把正确的答案填在横线上。

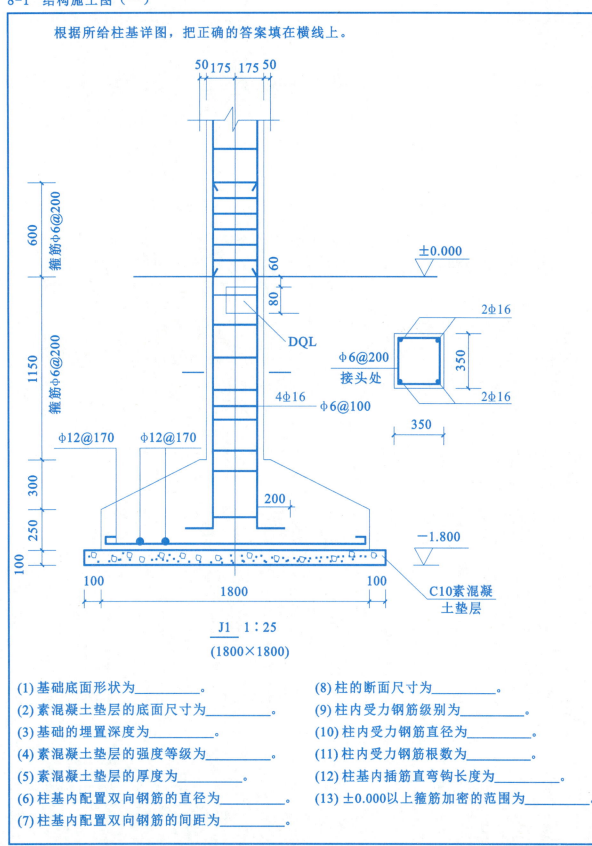

(1) 基础底面形状为_____。
(2) 素混凝土垫层的底面尺寸为_____。
(3) 基础的埋置深度为_____。
(4) 素混凝土垫层的强度等级为_____。
(5) 素混凝土垫层的厚度为_____。
(6) 柱基内配置双向钢筋的直径为_____。
(7) 柱基内配置双向钢筋的间距为_____。
(8) 柱的断面尺寸为_____。
(9) 柱内受力钢筋级别为_____。
(10) 柱内受力钢筋直径为_____。
(11) 柱内受力钢筋根数为_____。
(12) 柱基内插筋直弯钩长度为_____。
(13) ±0.000以上箍筋加密的范围为_____。

1. 在钢筋混凝土结构中，钢筋主要承受_____，混凝土主要承受_____。

2. 钢筋混凝土结构中的钢筋，有的是由于受力需要而配置的，有的则因为构造要求而安放的，这些钢筋的形式及作用各不相同，一般可分为_____、_____、_____、_____、_____。

3. 建筑用钢筋的强度和品种不同，钢筋直径的表示符号也不同，其中HPB300、HRB335分别用____和____表示。

4. 结构施工图主要表达结构设计的内容，它是表示建筑物的_____的布置、形状、大小、材料、构造及其相互关系的图样。结构施工图一般包括_____、_____、_____。

5. 在钢筋混凝土构件详图中，构件的外形轮廓线用_____表示，钢筋用____或____表示。

6. 钢筋混凝土梁和板的钢筋，按其所起的作用给予不同的名称，梁内配有_____、_____、_____，板内配有_____、_____、_____。

7. 基础图是表示建筑物_____的图样，一般包括_____和_____。

8. 在基础平面图中，只需画出_____的轮廓线，基础的_____可省略不画，而具体反映在详图中。

9. 画出下图所示的钢筋混凝土梁的2—2剖面图，并填写以下各项。尺寸单位以毫米计。
① 号钢筋的级别是：___；直径：___；根数：___。
⑤ 号钢筋的级别是：___；直径：___；"@160"的意义为_____。

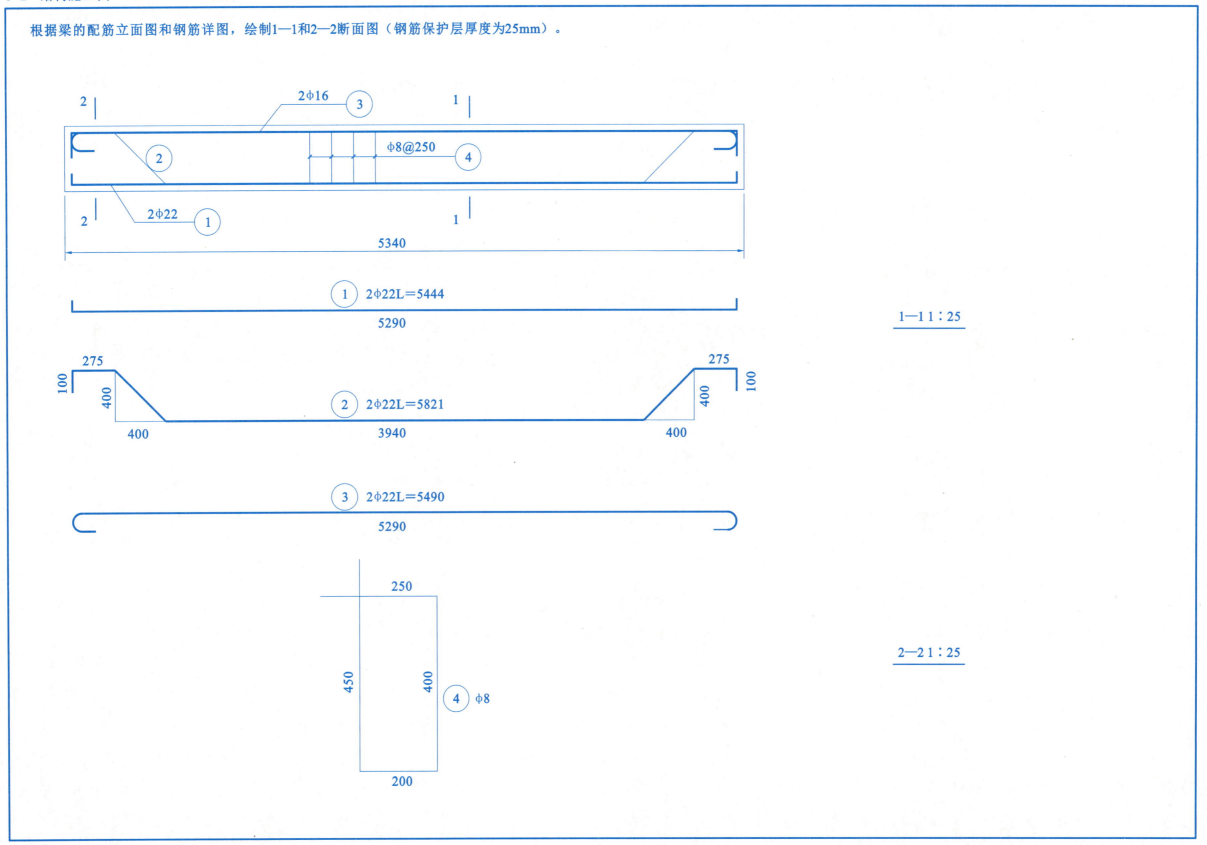

8-3 结构施工图（三）

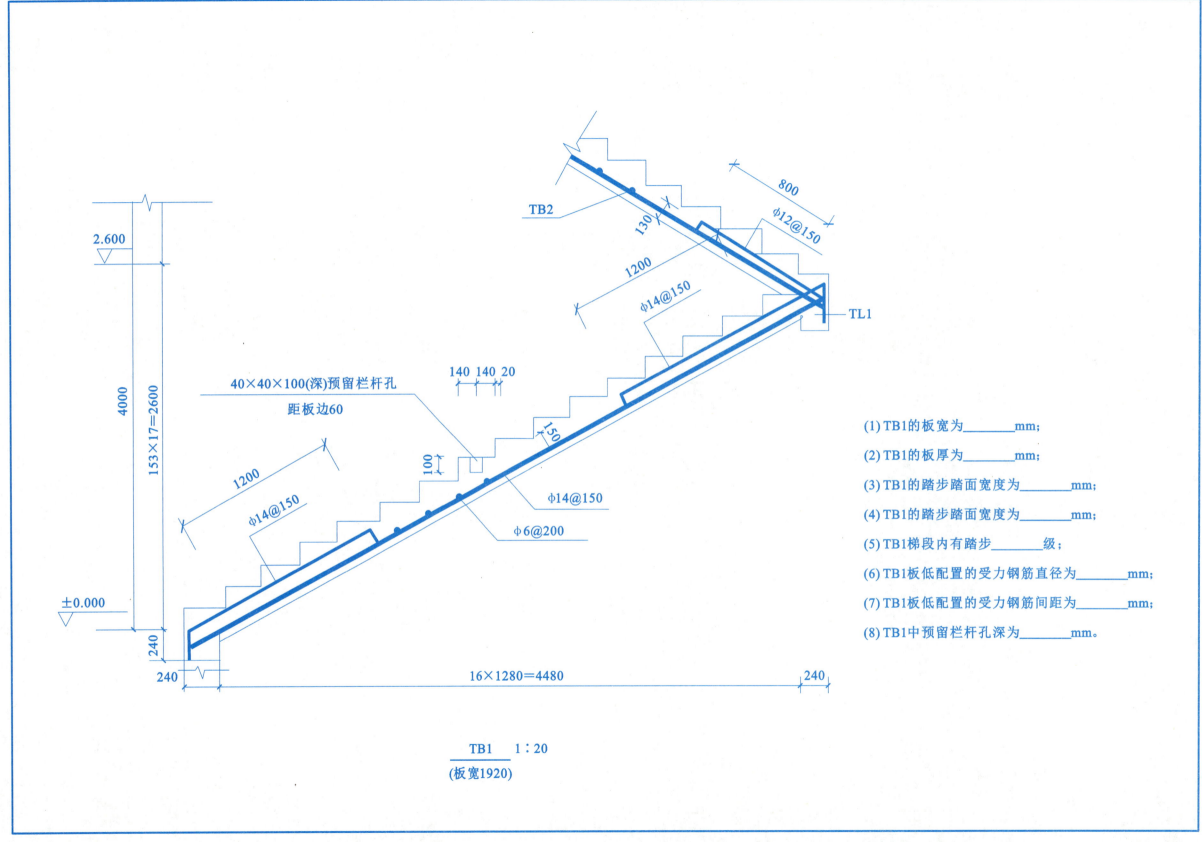

(1) TB1的板宽为_____mm；

(2) TB1的板厚为_____mm；

(3) TB1的踏步踏面宽度为_____mm；

(4) TB1的踏步踏面宽度为_____mm；

(5) TB1梯段内有踏步_____级；

(6) TB1板低配置的受力钢筋直径为_____mm；

(7) TB1板低配置的受力钢筋间距为_____mm；

(8) TB1中预留栏杆孔深为_____mm。

TB1 1:20
(板宽1920)

8-4 结构施工图(四)

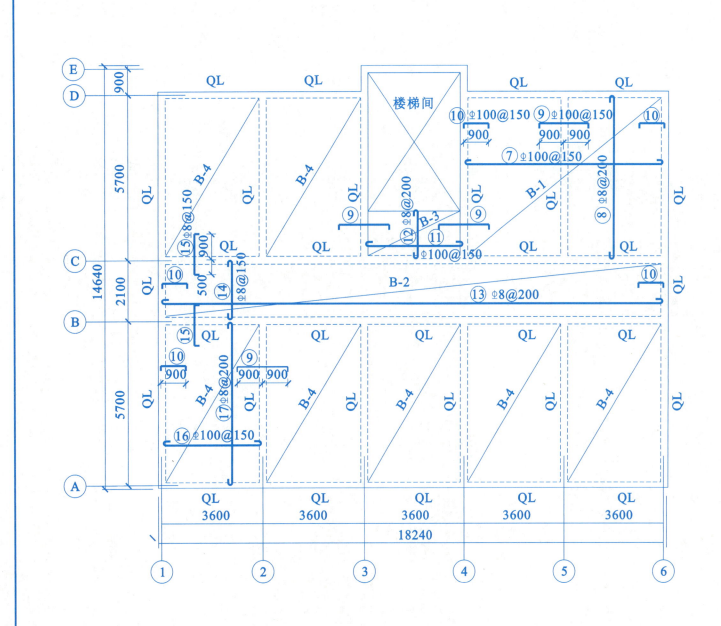

楼层结构平面图 1:100

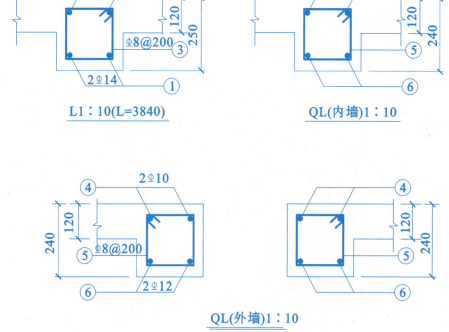

L1 1:10 (L=3840)

QL(内墙) 1:10

QL(外墙) 1:10

一、作业内容
1.了解民用建筑结构施工图的表达内容和图示特点。
2.在阅读理解的基础上,抄绘楼层结构平面图和梁断面图。
二、作业要求
1.用A3图幅绘制,比例1:100(梁断面图用1:10)。
2.图线分明,符合建筑制图标准。
3.图面整洁。

8-5 结构施工图（五）

识读所给梁板布置图（识读内容：图名、比例、定位轴线及编号、开间尺寸、楼板类型及分布等）。

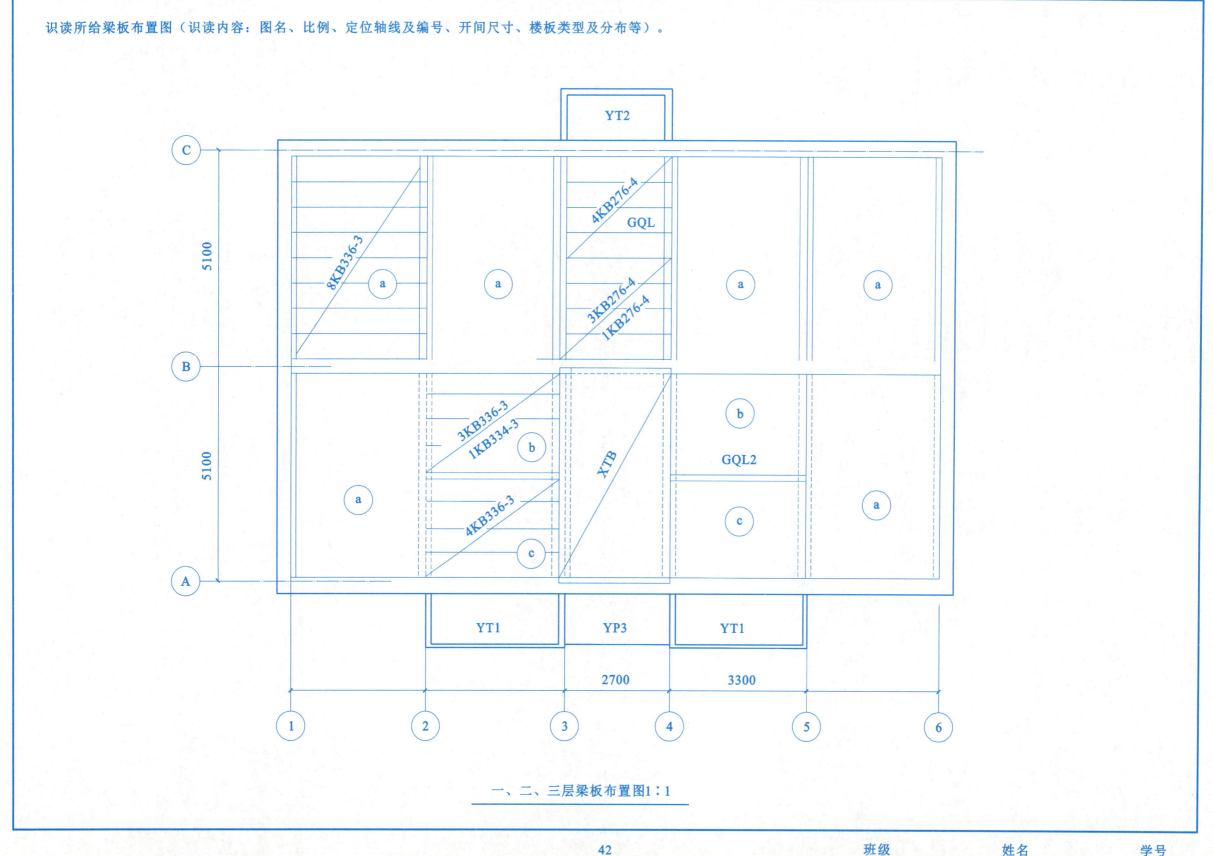

一、二、三层梁板布置图1∶1

8-6 钢筋混凝土结构施工图平面整体表示方法

1.已知多跨梁的配筋平面图，绘制1—1和2—2断面图（板厚100mm）。

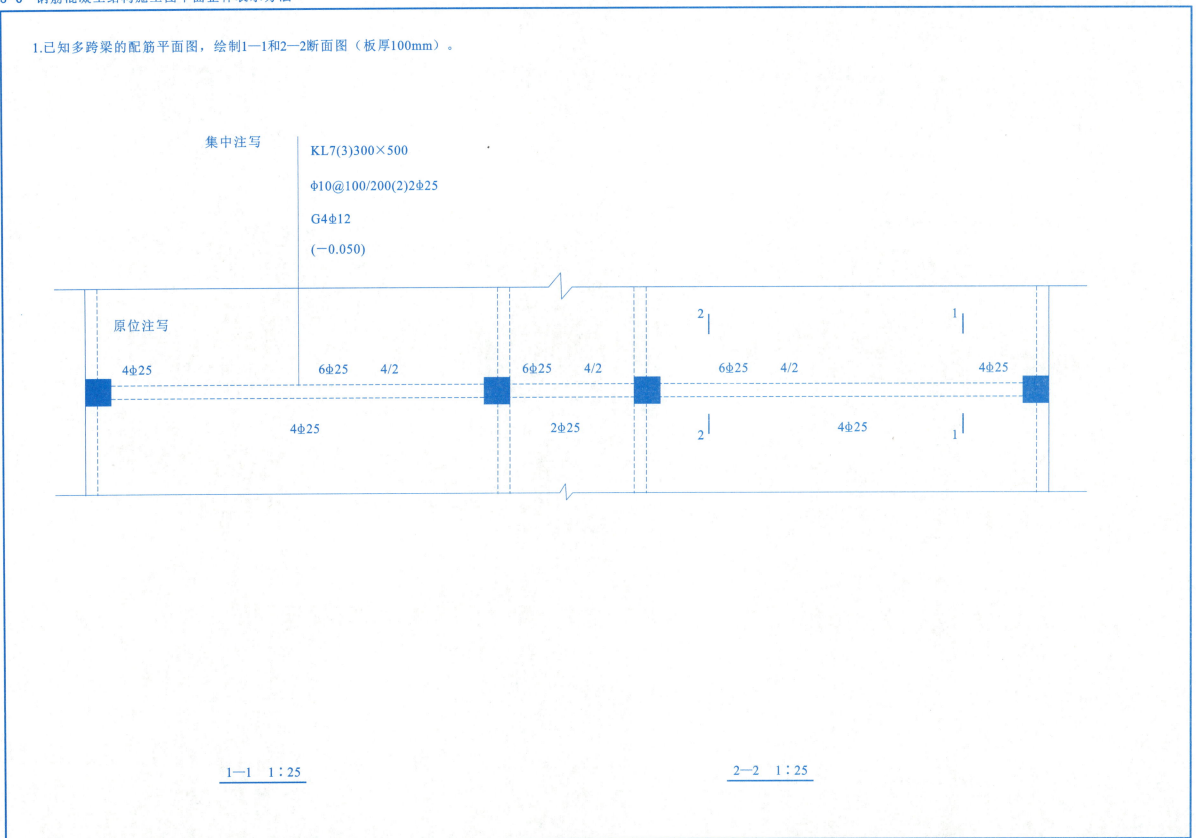

1—1　1∶25　　　　　　　　　　　　　　　　　2—2　1∶25

项目9 装饰施工图

下面给出了某住宅二层装饰平面布置图,设想用户状况及需求,在所给平面图中设计完善如下二层装饰平面布置图。

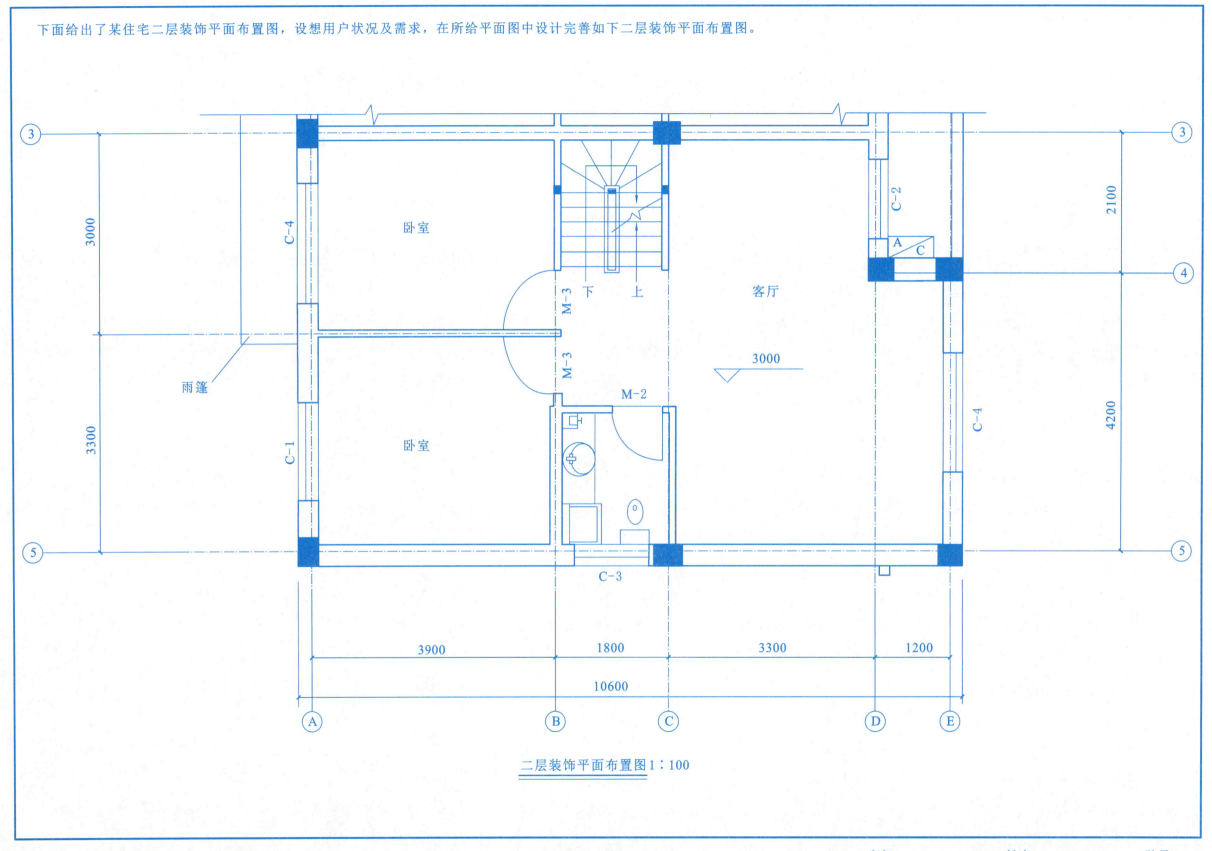

二层装饰平面布置图 1:100